宇宙奥秘解码

奇妙星星的生命疑惑
星球巅峰俯看

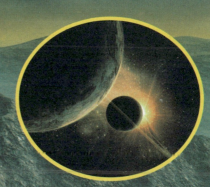

中国出版集团
现代出版社

前言 Preface

神舟九号圆满完成载人空间交会对接，嫦娥三号即将实现月球表面探测，萤火号启动我国火星探测计划……我们乘坐宇宙飞船遨游太空的时候就要到了！你准备好了吗？

21世纪的曙光刚刚揭开天幕，一场太空探索热潮在全球掀起。一个个云遮雾绕的宇宙未解之谜披着神秘的面纱，激起我们遥望宇宙这个布满星座黑洞的魔幻大迷宫，探求走向太空熠熠闪烁的道路。

太空将是我们人类世界争夺的最后一块"大陆"。走向太空，开发宇宙，是我们未来科学发展的主要方向，也是我们未来涉足远行的主要道路。因此，感知宇宙，了解太空，是我们走向太空的第一步。

宇宙展示包括地球及其他一切天体周围的无限空间，太空则展示地球大气层外层空间，直至宇宙的各个领域。发现天机，破解谜团，这是时代发展的需要，也是提升我们素质的良机。

我们在向太空发展的同时，也在不断挖掘地球的潜力，不断向大海、地底等处深入发展。我国载人深潜器"蛟龙"号再创载人深潜纪录，海底发现可满足人类千年能源需求的可燃冰，等等，这都说明我们探索地球的巨大收获。

从太空到地球，宇宙的奥秘是无穷的，人类的探索是无限的。我们只有不断拓展更加广阔的生存空间，破解更多的奥秘谜团，看清茫茫宇宙，才能使之造福于我们人类，促进现代文明。

为了激励广大读者认识和探索整个宇宙的科学奥秘，普及科学知识，我们根据中外最新研究成果，特别编辑了本书，主要包括宇宙、太空、星球、飞碟、外星人、地球、地理、海洋、名胜、史前文明等存在的奥秘现象、未解之谜和科学探索新发现诸多内容，具有很强的系统性、科学性、前沿性和新奇性。

本套系列丛书知识面广、内容精炼、图文并茂、装帧精美，非常适合广大读者阅读和收藏。广大读者在兴味盎然地领略宇宙奥秘现象的同时，能够加深思考，启迪智慧，开阔视野，增加知识，能够正确了解和认识宇宙，激发求知欲望和探索精神，激起热爱科学和追求科学的热情，掌握开启宇宙的金钥匙，使我们真正成为宇宙的主人，不断推进人类向前发展。

目录 Contents

奇妙的行星

金星上的文明遗迹	2
行星之王木星	9
环境恶劣的木星	14
充满敌意的木星	18
木星的三大法宝	22
水星上的冰山	26
水星的真面目	30
凶猛的火星尘暴	36
火星上的金字塔	40
最冷的星球天王星	42
蓝色的星球海王星	46

美丽的卫星

奇特的土星环	56
令人疑惑的月球	62
神奇的月球辉光	66
月球的形成之谜	72
月球上是否有水	78
月球是空心的吗	84
月球起源的说法	88
探索月球上的生命	92

太空的疑问

太空流浪者——彗星	96
冥王星存废的争议	102
冥王星归类为矮行星	106
金星是启明星吗	110
火星上是否有生命	114
天王星也有环带吗	118
海王星上有火山吗	120

星球的揭秘

太阳系的矮星是什么	126
木星上的生命研究	130
火星的科学探测	132
火星上适宜居住吗	134
土星上的生命探测	140
天王星的季节变化	146
海王星有火山之说	150

奇妙的行星

行星，通常指自身不发光，环绕着恒星运行的天体。其公转方向常与所绕恒星的自转方向相同。距地球最近的行星是太阳系的八大行星，这些行星都有不同的质量，不同的性质，它们与太阳一起组成了一个奇妙的星系，为宇宙增添了无限的光彩。

金星上的文明遗迹

金星上的人面石

1988年，苏联宇宙物理学家阿列克塞·普斯卡夫宣布说："发现于火星上的人面石同样也存在于金星上。"

据人类目前所知，金星的自然环境比起火星来要严酷得多。金星表面极限温度可达至500℃，大气层中含有90%以上的二氧化碳，空中还经常落下毁灭性的硫酸雨，特大热风暴比地球上12级台风还要猛烈数倍。

从1960年至1981年以来，美国和苏联双方共发射近20个探测器，仍未认清浓厚云层包裹下的金星真面目。

科学家的发现

对于金星秘密的最重要发现，是由前苏联科学家尼古拉·里宾契诃夫在比利时布鲁塞尔的一个科学研讨会上披露的。1989年1月，苏联发射的一枚探测器穿过金星表面浓密的大气层用雷达扫描时，发现金星上原来分布有20000座城市的遗迹。

这20000座城市遗迹完全是由"三角锥"形金字塔状建筑组成的。每座城市实际上只是一座巨型金字塔，全部没有门窗，估计出入口可能开设在地下。20000座巨型金字塔摆成一个很大的车轮形状，其间的辐射状大道连缀着中央的大城市。

起先，科学家们见到这些传回地球的照片，以为上面出现的城墟可能是大气层干扰造成的幻象，或是飞船仪器有问题。但经

过深入分析后,他们发觉那确是一些城市遗迹,是一种绝迹已久的智能生物留下来的。

科学家的再研究

研究者认为,这些金字塔式的城市可昼避高温,夜避严寒,再大的风暴也奈何不得它。

联系到火星上发现的作为警告标志垂泪的巨型人面建筑即"人面石",科学家们不得不把金星与火星看成是一对经历过文明毁灭命运的"患难姊妹"。

据推测,800万年前的金星经历过地球现今的演化阶段,应该有智能生物存在。由于金星大气成分的变化,使二氧化碳占据了绝对优势,从而发生了强烈的温室效应,造成大量的水蒸发成

云气或散失，最终彻底改变了金星的生态环境，导致生物绝迹。

倒塌的金星城市中，究竟会隐藏着怎样的更加难以捉摸的秘密呢？这只有等待人类未来的实地探测了。但愿这一天并不遥远。

金星发现两万座城市

金星是否存在生命，至今尚难定论。而地球人遭遇金星人的案例却一再出现。

1952年11月20日，美国人亚当斯基在加利福尼亚州的沙漠中进行科学探索时，看到飞碟飞来和随之出现的一个头披金色长发，脚蹬红色高帮皮鞋的标致陌生人。他主动与亚当斯基用手势交谈，说明他"来自金星"。

1954年6月，美国人李克兰德声称，在洛杉矶市曾3次遇到2

个白脸、黑发、大眼、大脚的陌生人，以英语自我介绍"来自金星"，并在8月31日晚间敲开了他家的门，邀他到金星上参观了工厂、实验室和住所后，送他返回了地球。当然，这都是些无法核实的自述，只能姑妄听之。

从探测所获数据分析，金星大气层中二氧化碳含量为97％，氧气似乎早已耗尽，但生命存在的条件是多元的，地球上也有不靠氧气而生存的生物，何况外星。

1989年，苏联科学家尼古拉·利云捷高博士在比利时布鲁塞尔召开的一个科学研究讨论会上公开宣布了一个惊人消息：苏联宇宙物理学家通过宇宙飞船拍摄的照片发现，金星上大约有20000个古代城市遗址。

那些城市的布局好像一个向四面八方辐射的车轮，车轮中心是一个大都会，每根射线都通向一个城市，射线就是高速公路。

奇妙星星的生命疑惑

星球巅峰俯看

从照片上看，一些城市已经毁坏，至少从地面上看，那里已经没有生物在活动。但在远古时代，金星上曾有过生命。

有些学者甚至猜测，古代美洲的玛雅人，其祖先就是来自金星。在远古时代，金星有孕育生命和智慧生命的优越条件，生命延续可能达10多亿年，后来由于金星人文明的发展，加剧了自然环境的破坏，随着太阳温度的升高又加剧了温室效应，海洋和水都消失了。如今金星人可能依靠自己的智慧建造地下独立生物圈而潜居地下，美国和前苏联金星探测器均曾发现金星存在着闪电和无线电静电现象，这可能是地下金星人进行生产或开展科技活动所产生的。

文明遗迹探索

迄今为止，人们在月球、火星、金星上都发现了文明活动的遗迹和疑踪，甚至在距离太阳最近的水星的阴面发现过一些断壁

残垣。作为金字塔式的建筑则使地球、月球、火星、金星构成一种互为联系的文明系统。

科学的观点认为,太阳系的文明发展史并非起源于地球,它的鼎盛时期出现于地球之前,延续到地球这颗星时,已是太阳系文明的终结史。

不过,这丝毫不妨碍世世代代的地球人类去为创造一个全新的黄金般的文明时代而努力,也许这只是太阳系中独存的文明硕果了。但是,探索文明遗迹仍是天文学家的使命。

我还想知道

金星是位于地球绕日公转轨道内的"地内行星"。当金星运行到太阳和地球之间时,在太阳表面穿过,此天象称之为"金星凌日"。

行星之王木星

巨大的行星

木星是颗巨大的行星。在太阳系所有行星中,木星是最大的一个。它的直径是14.3万千米,是地球直径的11倍多,体积是地球的1300多倍。这意味着倘若木星是个中空的圆球,它里面能放下1300个地球。木星是太阳系行星中的头号巨星。

虽然木星质量只是太阳的1‰,但它的质量却是地球质量的318倍,木星质量甚至比太阳系内全部其他行星,如卫星、小行星、陨星和彗星的质量总和还要大,后者只及木星质量的40%。

木星在群星中显得很亮。虽然它到太阳的距离是地球到太阳距离的5倍,得到的太阳光也弱得多,只有从地球上看到的太阳亮度的1/7。但木星个儿巨大,大气也浓密,反射太阳光的能力也强。在天空中除金星以外,木星就是最明亮的行星了。

木星自转非常迅速。它虽是庞大行星,却行动灵活。木星比太阳系内任何别的行星自转都要快,木星上的一天只有9小时55分,木星公转速度每秒13000米,比地球每秒30千米的公转速度慢多了,公转一周的时间几乎等于12年。

身披彩带的木星

通过望远镜,人们就能看到木星的扁平的形状。不过,最吸引你的是木星顶部云层的云雾状的条纹。明暗相间的条带大体规则又很有变化,而且都与赤道平行。条带颜色斑斓,除

了白色外，还有橙红、棕黄色的。按照习惯，那些发白的浅色条纹叫"带"，那些较暗的红、棕等色条纹叫"条"或"带纹"。

这些条带都是木星云层，而且是木星顶部云层。木星被浓密的大气包围得严严实实，这层大气有多厚，现在不得而知，估计大约1000千米，我们想要窥视一下木星大气的下层都有些困难，更不用说看见木星表面了。

由于木星自转，云就被拉成长条形。浅色的带是木星大气的高气压带，温暖的气流在带里上升，呈现出白色或浅黄色。深暗色的条则是低气压带，气流在这里下降，呈现出红色和橙色。条带间像波浪一样激烈翻滚。

换句话说，由于木星做高速自转，伴同高气压带和低气压带的旋风流和反旋风流完全把巨大的木星缠绕起来了。大气也不易跑掉，就因为木星有巨大吸引力束缚着漂泊不定的气体。

表面是个大海洋

木星没有固体的表面，这与我们了解过的水星、金星、地球、火星、月球都不同。大气之下，很可能是液态的氢的"海洋"。

再往下离木星中心核大约一半的地方，那里的压强已十分巨大，可达300万个大气压，温度惊人的高，达11000℃，在这样的物理条件下，以致液态分子氢实际上已转化成液态的金属原子氢，这种液态的金属氢在地球的实验室中从未发现过，然而科学家坚信，在极端条件下会有这种液态金属氢存在。

在木星最中心部分是木星核，木星核是固体的，主要由铁和硅之类的物质组成，不大的体积却相当于一二十个地球质量。这里必然承受非常大的大气压强，估计有上亿个大气压。温度高可达

30000℃，那里必然有地球人所无法想象的特殊环境。

由于木星被厚厚的云层包裹着，致使我们无法看清木星的表面，这需要科学家的进一步研究。

木星的四大卫星

木星的卫星是个大群体，共有16颗，其中有4个最大卫星，分别为木卫一艾奥、木卫二欧罗巴、木卫三盖尼米得、木卫四卡利斯托。

木卫一距木星的平均距离为42万千米，以强烈的火山爆发而闻名。迄今记录到正在爆发的至少有9座，喷发时间很长，火山灰每年覆盖表面约0.001米厚。木卫一表面非常平坦，没有陨石坑，表面由火山灰装饰得五彩缤纷。

木卫一有稀薄的大气，由二氧化硫与其他气体组成。与外层太阳系的卫星不同，木卫一与木卫二的组成与其他行星类似，主要由炽热的硅酸盐岩石构成。硫和其化合物的多种颜色使得木卫一表面的颜色赋予多样化。

木卫二离木星平均距离67万千米。表面江河花纹很显眼，可能存在软冰或液态水。"旅行者1

奇妙星星的生命疑惑　星球巅峰俯看

号"发现木卫二是一个由厚厚冰层覆盖的岩石球体，近乎白色，色调柔和。赤道一带有斑状的黑区和亮区，被黑色线条穿过有长、短，纵横交错，如同乱麻。可能是相连接的环形山、方山，最高不过50米，是最平坦的天体。

科学家收到了宇宙探测器"旅行者2号"发回的照片，通过研究，推测木卫二有一个带冰壳的固体核心，而且在冰壳和核心之间，可能有一层液态水。天文学家史蒂文森等人计算了木卫二的热耗散，证实在核心和冰壳之间确实存在一个液态水层。他们通过几种不同模式的实验，得出了木卫二在25000米深的冰层下，存在着一个地下海洋的结论。

木卫三是太阳系最大卫星，距离木星107万千米。"旅行者1

号"测得其朝向木星的一面有严重环形山化了的多边形区域，横跨达几十千米。它们周围是明亮的网状系统，这些地形是相距很近的一些平行的山脊和山脊之间的沟组成的一个个区域，有的达20条之多。表面有断层和地壳变动痕迹。

木卫三是太阳系中已知的唯一一颗拥有磁圈的卫星，其磁圈可能是由富铁的流动内核的对流运动所产生的。

木卫三拥有一层稀薄的含氧大气层，其中含有原子氧，氧气和臭氧，同时原子氢也是大气的构成成分之一。而木卫三上是否拥有电离层还尚未确定。

木卫四是距离木星最远的伽利略卫星，其轨道距离木星约188万千米，比之距离木星次近的木卫三的轨道半径远得多。

由于被陨星撞击了约40亿年之久，它的表面布满了环形山。在一个巨大而平坦的圆形盆地，周围镶嵌着一圈圈同心的山脉，就像一圈冻结了的海啸。

科学家们推测，由于一颗特大陨星的撞击，将木卫四表面的冰层融化了，使水从撞击处向四处扩展，但又快速重新冻结，因而形成了这些"山脉"。相信随着科学技术的迅速发展，总有一天人类会更加深入地了解木星。

> 木星距太阳平均距离7.783亿千米，公转周期11.86年，但9小时50分30秒自转一圈。因此木星在一个地球年就有10500多个昼夜交替。

环境恶劣的木星

木星的大气层

木星的上层大气主要是由透明的氢气构成。因为木星引力比地球引力强两倍半以上,在明亮的、黄色的云层下面,是地狱般的高温和无法忍受的气压,在这种异常的条件下人类绝不可能生存。木星天空呈蓝灰色,是一个由冻结了的氨结晶所构成的浓密的、黄白色的云海。那里的气温可达到-93℃。继续下降到木星云层的深处,气温不断升高。

太阳微弱的光线透过云星,比地球上的任何黑暗更黑。但是,木星大气层的深处,并不是静悄悄的,一种低沉的、地球上所听不到的"隆隆"声,从四面八方滚滚而来,这是旋转翻腾的风和云的吼声。

木星是个大热球

如果下降至1100千米,便会进入另一个氢的世界。这时,在极高的温度和压力的作用下,氢就会变成液态的海洋,越往深处就越黏稠越热。在如此异常高的温度和压力下,液态氢就压缩得如金属一般,可以传导热和电。

木星能够向宇宙空间释放巨大的能量,它所放出的能量是它所获得太阳能量的两倍,这说明木星释放能量的一半来自于它的内部。同时也说明,木星内部存在热源。木星是一个巨大的液态氢星球,本身已具备了天然核燃料,具备了进行热核反应所需的

高温条件。一旦木星上爆发了大规模的热核反应,木星大气层将充当释放核热能的"发射器"。

木星表面的高速飓风

木星和其他气态行星表面都有高速飓风,其形成的风暴有时甚至比地球还大。这些飓风被限制在狭小的纬度范围内,在接近纬度的风吹的方向又与其相反。

这些带中轻微的化学成分与温度变化造成了多彩的地表带,支配着行星的外貌。木星的大气层也被发现相当紊乱,这表明由于它内部的热量使得飓风在大部分急速运动,不像地球只从太阳处获取热量。

木星表面云层的多彩可能是由大气中化学成分的微妙差异及其作用造成的,可能其中混入了硫的混合物,造就了五彩缤纷的视觉效果,但是其详情仍无法知晓。

木星可能有生命存在

在如此恶劣的地方,人们也许觉得木星上不可能有任何生命存在。但是,木星实际上却是太阳系中最有可能发现新生命形态的地方。

因为,在地球上,只要有水,生命就会以细菌的方式存在。美国加利福尼亚大学的科学家分析了由加利略宇航船发回的数据。他们在研究了木星的磁场后作出结论说,在木星表面之下7000米半的地方可能有一个海洋。但是,科学家不能够完全肯定这个海洋真的存在,也不确定海洋里面的是咸水还是淡水。无论如何,木星是科学家寻找地球外的生命的一个可能地方。同时,许多科学家指出,如果木星的云层中有生命存在,它们绝没有智能。

1994年木星被撞事件

1993年3月24日,美国天文学家尤金·苏梅克和卡罗琳·苏梅克以及天文爱好者戴维·列维,利用美国加州帕洛玛天文台的天文望远镜发现了一颗彗星,遂以他们的姓氏命名为"苏梅克-列维9号"彗星。这颗彗星被发现一年多后,于1994年7月16日至

22日，断裂成21个碎块，其中最大的一块宽约4000米，以每秒60千米的速度连珠炮一般向木星撞去。

这次彗木相撞的撞击点在相对于地球的背面阴暗处，人们在地球上无法直接观察到撞击的情况。但是木星周围有16颗卫星和两道暗淡的光环，科学家们可以观察到撞击对木星的卫星和光环产生的反光效应。

此外，木星的自转周期为9小时56分钟，众多的撞击点可以随着木星的快速自转运行到面对地球的位置，使人类每隔20分钟左右就能观察到撞击后出现的蘑菇状烟云和其他效应。

2009年木星被撞事件

2009年7月21日，澳大利亚一位业余天文爱好者安东尼·卫斯理，在当地时间20日凌晨1时利用自家后院的反射式望远镜发现木星被撞，在木星表面留下了撞击痕迹。

安东尼·卫斯理介绍说，他起初曾认为该斑点是木星的一颗卫星，但随后的进一步观测表明，其运动轨迹与任何一颗已知的木星卫星均不相同。除此之外，这一斑点所处的位置和形状也显示，不可能是某颗木星卫星投下的阴影，因而推断为是一次撞击事件。

> **我还想知道**
>
> 星球表面由液态物质构成，像地球表面由水和硅酸盐为主的岩石构成，属固液混合态行星。月球表面全是岩石，属固态星球。而木星表面是90%液态的氢和10%液态氦，没有固体表面。

充满敌意的木星

木星有卫星吗

木星有13颗卫星围绕它旋转。用小望远镜能发现的只有4颗,这是1610年意大利著名科学家伽利略观测到的。

天文学家们就算凭借特别大的天文望远镜,也只能看到木星大气的顶层,要对这颗奇特的行星进行更具体的观察,就必须使用无人宇宙飞船。

第一艘探测木星的宇宙飞船是美国1972年发射的"先驱者10号",接着是1973年发射的"先驱者11号"。这两艘飞船带回了木星大量近距离照片和有关情况。到目前为止,还没有宇航员敢冒险进入到木星的大气层。

木星获得的名次

木星在太阳系的八大行星中体积和质量最大,质量是其他七大行星总和的2.5倍还多,是地球的318倍,而体积则是地球的1321倍。

按照与太阳的距离由近至远排列,木星位列第五。同时,木星还是太阳系中自转最快的行星,所以木星并不是正球形的,而是两极稍扁,赤道略鼓。木星是天空中第四亮的星星,仅次于太阳、月球和金星。

科学家的发现

科学家发现,邻近的木卫三至少有一半是由水和冰构成,它

有着山脊和裂纹，这可能是由"水震"现象造成的。与木卫四相比，它表面的陨星坑较少，而且表层年代也只有木卫四的1/4，约为10亿年。

木卫一别具一格。它和月亮大小相似，每天从空中掠过一次。它的表面布满了高原、高地、干燥的平原和断层线，还至少有一个可能仍然活动着的大型火山，其直径为48千米。

现在，天文学家发现最里层的木卫五，仅仅是一个针尖大小的亮点。这颗微小的长形天体轨道里面存在着一股物质的溪流，只能被解释为一个由大粒子所组成的光环。

木星上的海洋

木星的上层大气主要是由透明的氢气构成。因为木星引力比地球引力强2.5倍以上，假如在地球上重45千克的物体，那么在木星大气层顶端就将重120千克，在明亮的、黄色的云层下面，

是地狱般的高温和无法忍受的气压，在这种异常的条件下人类绝不可能生存。

这个氢的海洋深达24900千米，而且越往深处就越黏稠越热，称得上是茫茫宇宙间可能存在的最为恐怖的地方。

木星上存在生命吗

木星实际上是太阳系中最可能发现新生命形态的地方。因为，它厚厚的云层包含着无数有机化学物质，呈现出各种各样的颜色。在某一区域，还存在与地球相似的温度和压力，那里的云

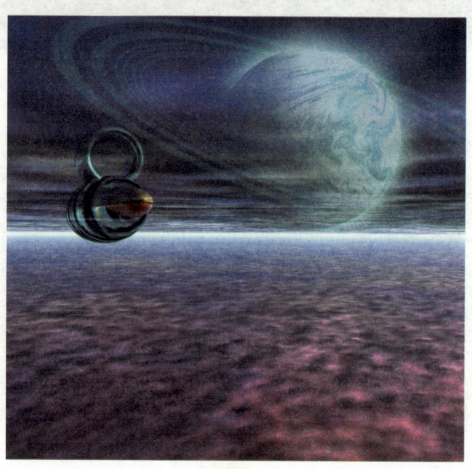

层与几十亿年前孕育着生命的原始地球大气层特别相似。但许多科学家又同时指出,如果木星的云层中有生命存在,它们绝没有智能,它们甚至没有生长的土地和岩石。

然而,它们可能是在云雾中漂游并可以呼吸木星云层中粗糙的化学物质的原始生物。有些科学家认为,这种生物或许可能约有1500千米那么大!木星,一个神奇而又充满敌意的世界,人类何时才能去访问呢?

> 木星:为太阳系八大行星之一,按由近及远的顺序,距离太阳为第五,是太阳系中体积最大、自转最快的行星。我国古代称之为岁星,取其公转一周为12年,与地支相同之故。

木星的三大法宝

木星的磁场

木星有较强的磁场,强度达3高斯至14高斯,比地球表面磁场强得多,而地球表面磁场强度只有0.3高斯至0.8高斯。

木星的正磁极指的是地球南极,由于木星磁场与太阳风的相互作用,形成了木星磁层。

木星磁层的范围大而且结构复杂,在距离木星140万千米至700万千米之间的巨大空间都是木星的磁层;而地球的磁层只在距地心50000千米至70000千米的范围内。

木星的4个大卫星都被木星的磁层所屏蔽,使之免遭太阳风的袭击。地球周围有条称为范艾伦带的辐射带,木星周围也有这样的辐射带。

1981年初,"旅行者2号"早已离开木星磁层飞奔土星的途中,曾再次受到木星磁场的影响。

由此看来,木星磁尾至少拖长到6000万千米,已达到土星的轨道上。

木星的极光

木星的两极有极光,这是从木卫一上火山喷发出的物质沿着木星的引力线进入木星大气而形成的。太阳风到达木星这么远的地方,带电粒子也衰减得很多了,但由于木星强大的磁场,仍然可能捕捉到太阳带电粒子,这在理论上完全成立,过去却一直没

有观测到。

1979年,当"旅行者1号"转到木星的背面时,观看到一场动人的极光"演示",夜幕中,一条长约30000千米的巨形光带,在长空摇曳生姿,翩翩舞动。

木星的光环

1979年3月,"旅行者1号"考察木星时,拍摄到木星环的照片,不久,"旅行者2号"又获得了木星环的更多情况,终于证实木星也有光环。

木星环像个薄薄的圆盘,很暗,也不大。由大大小小的黑色块状物构成,外围离木星中心12万千米。光环分为内环和外环,外环较亮,内环较暗,几乎与木星大气层相接。光环也环绕着木

星公转，7小时转一圈。

木星体积巨大之谜

木星是太阳系中最大的一颗行星，科学家研究发现，它体型如此巨大的原因是它曾吞噬一个相当于地球10倍大小的行星。科学家认为，木星曾与一个相当于地球10倍大的星体碰撞，它的内核中的金属等重元素物质在剧烈的撞击中气化，与大气中的氢气和氦气混合在一起，这也是木星大气层密度较大的原因。而那颗本可以成长为大型行星的星体则在这场碰撞中被木星吞噬殆尽。

这个最新研究成

果揭示了在太阳系形成之初，各个行星之间曾经展开残酷而激烈的"生存竞争"。

当时的太阳系是一个弱肉强食的战场，小行星之间不断发生碰撞结合，产生的较大行星则继续吞噬其它小行星。事实上我们的地球也是在这样的过程中诞生的，两颗体积相当于火星和金星的星体撞击在一起，形成早期的地球和月球，当时地球的温度达到7000℃，岩石和金属都被熔化。

1994年7月，苏梅克－利维9号彗星碰撞木星，具有惊人的现象。甚至用业余望远镜都能清楚地观察到表面的现象。碰撞残留的碎片在近一年后还可由哈勃望远镜观察到。

水星上的冰山

奇妙星星的生命疑惑　星球巅峰俯看

水手10号的观测

"水手10号"对水星天气的观测表明，水星最高温427℃，最低温-173℃，水星表面没有任何液体水存在的痕迹。

就算是我们给水星送去水，水星表面的高温也会使液体和气体分子的运动速度加快，足以逃出水星的引力场。

也就是说，要不了多久，水和蒸气会全部跑到宇宙空间，逃得无影无踪了。

水星上的大气压力不到地球大气压力的1／100万亿，水星大

气主要成分是氮、氢、氧、碳等。水星质量小，本身吸引力不能把大气保留住，大气会不断地向空中飞逸。

现在水星的稀薄大气可能靠着太阳不断地抛射太阳风来补充。从成分上也有相似的系统，太阳风的大部分成分就是氢、氮的原子核和电子。从水星光谱分析来看，水星表面有点大气，但大气中没有水。

天文学家的发现

宇宙的奥妙无穷，常会有人们意想不到的事情发生。没有液体水，没有水蒸气的水星，却被发现了"冰山"。

1991年8月，水星飞至离太阳最近点，美国天文学家用27个雷达天线组成的巨型天文望远镜在新墨西哥州对水星观测，得

出破天荒的结论,即水星表面的阴影处,存在着以冰山形式出现的水!

冰山直径15千米至60千米,多达20处,最大的可达到130千米,都处在太阳从未照射到的火山口内和山谷之中的阴暗处,那里的温度在-170℃。

它们都位于极地,那里通常在-100℃,隐藏着30亿年前生成的冰山。由于水星表面的真空状态,冰山每10亿年才融化8米左右。

冰山是怎样形成的

天文学家解释说:水星形成时,内核先凝固并发生剧烈的抖

动，水星表面形成褶皱，即高山。同时火山爆发频繁，陨星和彗星又多次相冲击，致使水星表面坑坑洼洼。

至于水是水星原来就有的，还是后来由陨星和彗星带来的，目前科学家在看法上还有许多分歧。虽然，水星有水的说法未证实，但还应该说，有水就有生命。

我还想知道

引力场：是暗能量和星体相互作用的产物。引力场中某一点的引力与暗能量的虚拟质量和星体的质量的乘积成正比，与该点到旋转中心的距离的平方成反比。但是，它与物体的质量无关。

水星的真面目

什么是水星凌日

一直以来,在肉眼能看到的水、金、火、木、土五大行星中,水星是最使人难以捉摸的行星。离太阳最近的行星就是它,因此它总是被强烈的阳光所隐藏着,很难看清它的真面目,就连著名的天文学家哥白尼,也由于没能看到水星的真面貌而终身遗憾。

在某些情况下,水星从太阳面前经过时,人们可以看见在明亮的太阳圆盘背景上有一个小圆点,那就是水星。这种现象称为"水星凌日"。

以前两次看到的水星凌日,分别发生在1986年11月13日和1993年11月6日中午前后。

发生水星凌日时,太阳明亮的背影上会呈现出水星的黑点,仔细观察会发现水星的边缘特别清楚,这就向我们证明,水星上是没有空气的。正是这个原因,水星世界才会呈现许多特色。

由于水星离太阳比地球近许多,比太阳和地球之间距离的一半还近,因此在水星上看到的太阳比地球上看到的大许多,也更耀眼。更为奇特的是水星上没有大气,因而水星和太阳会同时出现在天空中。

水星的纪录

在太阳系的八大行星中,水星获得了几个"最"的纪录:

1. 水星是离太阳最近的行星，和太阳的平均距离为5790万千米，约为日地距离的0.387倍，到目前为止还没有发现过比水星离太阳更近的行星。

2. 由于水星离太阳最近，所以受到太阳的引力也就最大，因此在它的轨道上运行比任何行星跑得都快，轨道速度为每秒48千米，比地球的轨道速度快18千米。以这样的速度，只用15分钟就可以环绕地球运行一周。

3. "水星年"是太阳系中最短的年。它绕太阳公转一周仅需88天，还没有地球上的3个月长。这都是因为水星围绕太阳高速飞奔的缘故。在希腊神话中，水星被比作脚穿飞鞋，手持魔杖的使者。

4. 水星是行星表面温差最大的行星。因为水星上没有大气的调节，距离太阳又太近，所以在太阳的烘烤下，向阳面的温度最高时可达430℃，不过背阳面的夜间温度可低到-180℃，昼夜温差600℃多，真是一个处于火与冰之间的世界！

5．水星和金星是卫星数最少，或根本没有卫星的行星，而在太阳系中现在发现的卫星总数已达60多颗。

6．在太阳系的行星中，水星"日"比任何行星都长，在水星上的一天，即水星自转一周，相当于地球上两个月，即为58.65个地球日。在水星的一年里，仅能看到两次日出和两次日落，那里的一天半就是一年。

探索水星的秘密

1974年3月，"水手10号"行星探测器从相距20万千米处拍下了水星的近距离照片，不仔细看几乎和月球照片难以分辨，但仔细看时，会发现水星表面的坑穴比我们看到的月球上的环形山更多更密，后来在深入研究下证实这些坑穴大多是40亿年前极限

星撞击形成的。

为了探索水星的秘密，美国宇航局在1973年11月3日发射了"水手10号"行星探测器，前往探测金星和水星。

"水手10号"在日心椭圆轨道上和水星有两次较远距离的相遇，拍摄了第一批水星有大量坑穴的照片，拼合起来特别像是半个月球。从那以后，水星表面的真面目被逐渐地揭开了。

水星的真实面目

"水手10号"拍摄水星表面的照片大约2000多张，水星

奇妙星星的生命疑惑　星球巅峰俯看

表面有大量的坑穴和复杂的地形都可以清楚地看到。在水星上有一个直径1300千米的巨大同心圆构造，这很可能是一个直径有100千米的陨星冲撞而形成的，它与月球背面东方盆地的情况特别相似。

这个同心圆构造位于水星赤道地带，异常炎热，因此用热量

单位卡路里给它命名，叫做卡路里盆地。

其中有的坑穴还有的像月球上某些环形山所具有的辐射状条纹。这有可能是因为小的天体撞击水星时，产生了许多小碎片，一齐飞散到四面八方而造成的。这样具有放射状条纹的坑穴共有100多个。

现在的水星表面是平静无事的，但可能过去有过火山活动。从卫星照片上，在水星上还可以看到几处貌似火山熔岩形成的平面状地区。

水星还有一个特征，就是它的表面3000米至4000米高的断崖地形随处可见，有的长达几百千米，这些被认为是水星冷却收缩而形成的。当然真正的深层原因仍在探索与研究之中。

水星的赤道半径虽然只有地球的2/5，但是密度却和地球差不多，因而可以初步断定构成水星的物质比构成地球物质重。这就使科学家推论，水星中心有一铁镍组成的核心，大小可能和月球相似。

水星也有磁场，大约为地球磁场强度的1%，但比火星的磁场要强许多。这已经是被"水手10号"探测水星时所研究出的，谜一般的水星现在已经被我们揭开了不少秘密，进一步的探测还有待于未来。

> 水星是太阳系中的类地行星，其主要由石质和铁质构成，密度较高，仅次于地球。水星主要来自罗马神话中众神的使者墨丘利。希腊神话中，是以赫耳墨斯的名字命名。

凶猛的火星尘暴

火星上扬起的尘埃

火星上也有尘暴,影响面特别广。通常,尘暴发起于火星南半球的诺阿奇斯地区。当火星达到近日点时,"诺阿奇斯"地区接受的热量最多,这就会引起一次大尘暴。因此,按火星绕日周期算,约两个地球年发生一次大尘暴。

1971年,当美国的"水手9号"火星探测器刚刚走了一半的路程时,整个火星正被一场大尘暴所包围。火星表面70000米至80000米的高空被尘埃笼罩,白茫茫的一片,根本无法观测;除了赤道附近隐约见到4个坑洞外,其他地方模糊一片,什么也看不清。这场特大尘暴竟连续不断地刮了半年时间才渐渐平息下来。这在地球上是从未有过的。

威猛的火星尘暴

火星表面的尘暴,是火星大气中独有的现象,其形状就像一种黄色的云。整个火星一年中有1/4的时间都笼罩在漫天飞舞的狂沙之中。由于火星土壤含铁量甚高,导致火星尘暴染上了橘红的色彩,空气中充斥着红色尘埃,从地球上看去,犹如一片橘红色的云。火星上风暴的风速之大是无法形容的。地球上的大台风,风速是每秒60多米,而火星上的风速竟高达每秒180多米。经过几个星期之后,尘暴很快蔓延开来,并从南半球发展到北半球,甚至把整个火星都笼罩在尘暴之中。

形成全球性大尘暴后，太阳对火星表面的加热作用开始减弱，火星上温差减小，尘埃逐渐平息下来，回降到表面，一次长达好几个月的大尘暴就这样结束了。

火星尘暴的成因

火星尘暴是如何形成的呢？一般的解释是太阳的辐射加热起了重要作用，特别是火星运行到近日点，太阳的辐射非常强，引起火星大气的不稳定，使昼夜温差加大，而加热后的火星大气上升便扬起灰尘。

当尘粒升到空中，加热作用更大，尘粒温度更高，这又造成热气的急速上升。热气上升后，别处的大气就来填补，形成更强劲的地面风，从而形成更强的尘暴。这样一来，尘暴的规模和强

度不断升级,甚至蔓延到整个火星,风速最高可达每秒180米。由此可见火星尘暴的厉害。

科学家的讨论

火星探测计划的首席科学家、美国康奈尔大学的史蒂文·斯奎尔斯说:"火星尘暴覆盖半个星球的表面并不稀罕,这场尘暴现在还是区域性的。"他表示,目前还不能确定这场尘暴的具体规模,但其直径似乎有数千英里,"绝不是一场小飓风"。实际上"这是我们观测到的火星上最遮天蔽日的尘暴之一"。火星尘暴时有发生,但多半是局部性的。

因为局部尘暴在火星上经常出现,那是由于火星大气密度不到地球的1%,风速必须大于每秒40米至50米才能使表面上的尘粒移动,但一经吹动之后,即使风速较小,也能将尘粒带到高

空。典型的尘暴中绝大部分尘粒估计直径约为10微米。最小的尘粒会被风带到50000米高空。

至今，关于火星尘暴形成的原因，还没有统一的说法，还需进一步探索研究。

火星表面发现7个奇特洞穴

"火星探测轨道飞行器"和"机遇号"分别发现火星表面曾有水以及火星表面7个奇特洞穴可能有地下水的线索。日前，美国科学家借助"奥德赛"探测器又在火星上发现了奇特洞穴。

美国地质探测局科学家在休斯敦举行的月球和行星科学会议上报告说，他们通过美国宇航局"奥德赛"火星探测器发回的图片，在火星表面辨认出了7个洞穴。

这7个洞穴分布在火星阿尔西亚火山的侧面。洞口宽度在100米至252米之间。由于洞口基本观测不到洞底，科学家们只能估算出这些洞至少有80米至130米深。

这些洞穴的发现具有重要意义。首先，如果火星上曾有原始生命形式存在，这些洞穴可能是火星上唯一能为生命提供保护的天然结构。其次，如果条件适宜，这些洞穴将来可能作为人类登陆火星之后的居住点。

史蒂文·斯奎尔斯：在美国新泽西州南部长大，20世纪70年代中期，考入康奈尔大学学习地质学。研究生阶段，斯奎尔斯师从于已故著名天文学家卡尔萨根，后来在美国国家航空航天局工作。

火星上的金字塔

外形奇怪的庞然大物

1972年，美国"水手9号"宇宙飞船在对火星的考察中，发现一群外形奇怪的极像底面为四边形的金字塔。

一些科学家则肯定地认为，火星上有人造的建筑物，金字塔就是其中之一。

他们还形象地描述道，火星上的金字塔可以分为3种类型，一种酷似古埃及的法老金字塔；另一种类似埃及达舒尔的斜方形金字塔；第三种极像墨西哥的阶梯形金字塔。科学家断言，在火星上最大的一个金字塔底边长达1500米，高达1000米，最小的也与埃及吉萨的胡夫金字塔相仿。

此外，火星上所有金字塔中心线互相平行，面向北方，并且跟子午线构成16度角，而这种布局方式与地球上墨西哥地区的某些金字塔相似。因此他们认为，火星上金字塔的主人与墨西哥金字塔的主人一定有着或近或远的亲缘关系。

金字塔存在的争论

为了证明这种看法，这些人在一块光滑的塑料板上，按照火星金字塔的位置和倾斜角，复制了一些金字塔模型。结果，在塑料板上出现的金字塔的外形竟和照片上的一模一样。

不过有人对这些说法提出了质疑。他们认为，既然火星上有那么庞大的金字塔，在当时的条件下火星人是怎样把它们造

起来的？持肯定态度的科学家们回答，这是因为火星上的引力只有地球的1／3，在这种情况下，建造金字塔就是很容易的事。然而，有些科学家认为，那是经过侵蚀和风化的自然地貌，形成金字塔完全是偶然的。但是，即使是持这种看法的科学家，也没有断然否定在火星上曾经存在过火星人和外星人的可能性。

但在历史上曾经有过一些使人迷惑不解的问题。如1727年，约·斯威夫特在他的《勒皮塔和日本的航行》一书中，就对火星的两颗卫星作了具体的描写，而且与我们现在了解的大致相同。斯威夫特是从哪里知道这些知识的？

> 专家估计，金字塔有50万年历史了。50万年前的火星气候正处于适合生物生存的时期，因此人们推断，这很可能是火星人留下的艺术珍品，也可能是外星人在火星上活动所留下的杰作。

最冷的星球天王星

天王星的发现

天王星是八大行星之一。按距离太阳的次序计为第七颗行星。1781年由英国天文学家赫歇耳发现。它与太阳的平均距离28.69亿千米,直径51800千米,平均密度1.24克/立方厘米,自转周期239小时,为逆向自转,表面温度约−180℃。探测资料表明,天王星为太阳系最冷的星球。

天王星在被发现是行星之前,已经被观测到很多次,但都把它当做恒星看待。最早的纪录可以追溯至1690年,英国天文学家约翰·佛兰斯蒂德在星表中将他编为金牛座34,并且至少观测了6次。

法国天文学家在1750年至1769年也至少观测了12次,英国天文学家威廉·赫歇尔在1781年3月13日于他位于索美塞特巴恩镇新国王街19号自宅的庭院中观察到这颗行星,但在1781年4月26日最早的报告中他称之为彗星。

俄国天文学家估计它至太阳的距离是地球至太阳的18倍,而没有彗星曾在近日点4倍于地球至太阳距离之外被观测到。

柏林天文学家约翰·波得描述赫歇尔的发现像是"在土星轨道之外的圆形轨道上移动的恒星,可以被视为迄今仍未知的像行星的天体"。波得断定这个以圆轨道运行的天体比彗星更像是一颗行星。这个天体很快便被接受是一颗行星。

在1783年，法国科学家拉普拉斯证实赫歇尔发现的是一颗行星。赫歇尔本人也向皇家天文学会的主席约翰·班克斯承认这个事实，为此，威廉·赫歇尔被英国皇家学会授予柯普莱勋章。

天王星的运行

天王星每84个地球年环绕太阳公转一周，与太阳的平均距离大约30亿千米，阳光的强度只有地球的1/400。他的轨道元素在1783年首度被拉普拉斯计算出来，但随着时间的推移，预测和观测的位置开始发现误差。在1841年，约翰·柯西·亚当斯首先提出，误差也许可以归结于一颗尚未被看见的行星的拉扯。

在1845年,勒维耶开始独立地进行天王星轨道的研究,在1846年9月23日伽勒在勒维耶预测位置的附近发现了一颗新行星,稍后被命名为海王星。

天王星内部的自转周期是17小时又14分,但是,和所有巨大的行星一样,他上部的大气层朝自转的方向可以体验到非常强的风。实际上,在有些纬度,像是从赤道到南极的2/3路径上,可以看见移动得非常迅速的大气,只要14个小时就能自转一周。

天王星的对流层

对流层是大气层最低和密度最高的部分,温度随着高度增加而降低,温度从有名无实的底部大约320 千米,降低至50 千米。在对流层顶实际的最低温度,依在行星上的高度来决定。对流层顶是行星的上升暖气流辐射远红外线最主要的区域,由此处测量到的有效温度是59.1 ±0.3 K。

对流层应该还有高度复杂的云系结构,水云被假设在大气压力50帕至100帕,氨氢硫化物云在20帕至40帕的压力范围内,氨或氢硫化物云在3帕和10帕,最后是直接侦测到的甲烷云在1 至2帕。对流层是大气层内动态非常充分的部分,展现出强风、明亮的云彩和季节性的变化,将会在下面讨论。

天王星的气候

与其他的气体巨星,甚至是与相似的海王星比较,天王星的大气层是非常平静的。当旅行者2号在1986年飞掠过天王星时,总共观察到了10个横跨过整个行星的云带特征。

有人提出解释认为,这种特征是天王星的内热低于其他巨大行星的结果。在天王星记录到的最低温度是49 K,比海王星还要冷,使天王星成为太阳系温度最低的行星。

> 天王星主要是由岩石与各种成分不同的水冰物质所组成,其组成主要元素为氢,占83%,其次为氦15%。天王星没有类木行星那样包围在外的巨大液态气体表面。

蓝色的星球海王星

气体行星海王星

海王星是距离太阳远近顺序的第八颗行星,于1846年9月23日发现,计算者为英国剑桥大学的大学生亚当斯,德国天文学家伽勒是按计算位置观测到该行星的第一个人。这一发现被看成是行星运动理论精确性的一个范例。

海王星由于距离遥远,光度暗淡,即使用大型望远镜也难看清其表面细节,因而不能依靠观测表面标志的移动来测定出自转周期。作为典型的气体行星,海王星上呼啸着按带状分布的大风暴或旋风,海王星上的风暴是太阳系中最快的,时速达到2000千米。

海王星的蓝色是大气中甲烷吸收了日光中的红光造成的。尽管海王星是一个寒冷而荒凉的星球,不过科学家们推测它的内部还是有热源。和土星、木星一样,海王星内部辐射出的能量是它吸收的太阳能的两倍多。由于海王星是一颗淡蓝色的行星,人们根据传统的行星命名法,称其为涅普顿。涅普顿是罗马神话中统治大海的海神,掌握着1/3的宇宙,颇有神通。

海王星的发现

1612年12月28日,意大利物理学家、天文学家伽利略首度观测并描绘出海王星,1613年1月27日又再次观测,但因为观测的位置在夜空中都靠近木星,在这两次机会中,伽利略都误认海王

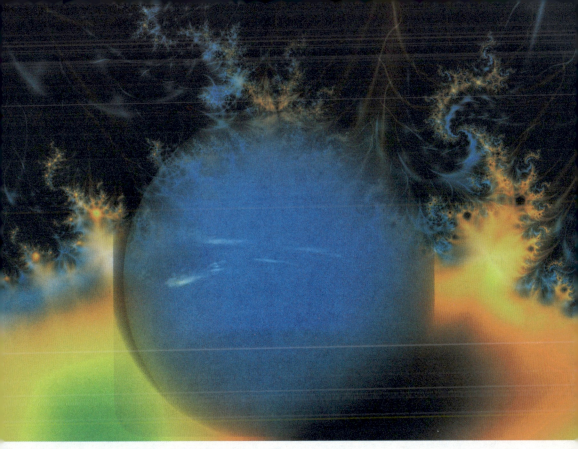

星是一颗恒星。

当时海王星在转向退行的位置，由于刚开始退行时的运动还十分微小，以至于伽利略的小望远镜察觉不出位置的改变。

1843年，英国数学家、天文学家约翰·柯西·亚当斯计算出天王星运动的第八颗行星轨道，并将计算结果告诉了皇家天文学家乔治·艾里，他问了亚当斯一些计算上的问题，亚当斯虽然草拟了答案但未曾回复。

1846年，法国工艺学院的天文学教师勒维耶以自己的热诚独立完成了海王星位置的推算。

但是，在同一年，英国科学家约翰·赫歇耳也开始拥护以数学的方法去搜寻行星，并说服詹姆斯·查理士着手进行。

在多次耽搁之后，查理士在1846年7月勉强开始了搜寻的

工作；而在同时，勒维耶也说服了柏林天文台的约翰·格弗里恩·伽勒搜寻行星。当时仍是柏林天文台的学生达赫斯特表示正好完成了勒维耶预测天区的最新星图，可以作为寻找新行星时与恒星比对的参考图。

在1846年9月23日晚间，海王星被发现了，与勒维耶预测的位置相距不到1度，但与亚当斯预测的位置相差10度。事后，查理士发现他在8月时已经两度观测到海王星，但因为对这件工作漫不经心而未曾进一步的核对。

海王星的结构

海王星外观为蓝色，原因是其大气层中的甲烷。海王星大气层85%是氢气，13%是氦气，2%是甲烷，除此之外还有少量氨气。

海王星可能有一个固态的核，其表面可能覆盖有一层冰。外面的大气层可能分层。海王星表面温度为$-218℃$，表面风速可达每小时2000千米。

此外，海王星有磁场和极光。还有因甲烷受太阳照射而产生的烟雾。

海王星的赤道半径为24750千米，是地球赤道半径的3.88倍。海王星呈扁球形，它的体积是地球体积的57倍，质量是地球质量的17.22倍，平均密度为每立方厘米1.66克。海王星在太阳系中，仅比木星和土星小，是太阳系的第三大行星。

因为其质量较典型类木行星小，而且密度、组成成分、内部结构也与类木行星有显著差别，海王星和天王星一起常常被归为

类木行星的一个子类：远日行星。

在寻找太阳系外行星领域，海王星被用作一个通用代号，指所发现的有着类似海王星质量的系外行星，就如同天文学家们常常说的那些系外"木星"。

海王星大气的主要成分是氢和着较小比例的氦，此外还含有恒量的甲烷。甲烷分子光谱的主吸收带位于可见光谱红色端的600纳米波长，大气中甲烷对红色端光的吸收使得海王星呈现蓝色色调。

因为轨道距离太阳很远，海王星从太阳得到的热量很少，所以海王星大气层顶端温度只有-218℃。由大气层顶端向内温度稳步上升。和天王星类似，星球内部热量的来源仍然是未知的，而结果却是显著的：

作为太阳系最外部的行星，海王星内部能量却大到维持了太阳系所有行星系统中已知的最高速风暴。对其内部热源有几种解

释，包括行星内核的放射热源，行星生成时吸积盘塌缩能量的散热，还有重力波对平流圈界面的扰动。

海王星的内部构成

海王星内部结构和天王星相似。行星核是一个质量大概不超过一个地球质量的由岩石和冰构成的混合体。海王星地幔总质量相当于10到15个地球质量，富含水、氨、甲烷和其他成分。

作为行星学惯例，这种混合物被叫做冰，虽然其实是高度压缩的过热流体，这种高电导的流体通常也被叫做水。

大气层包括大约从顶端向中心的10%至20%，高层大气主要由80%氢和19%氦组成。甲烷，氨和水的含量随高度降低而增加。越到内部大气底端温度越高，密度越大，进而逐渐和行星地幔的过热液体混为一体。

海王星内核的压力是地球表面大气压的数百万倍。通过比较转速和扁率可知海王星的质量分布不如天王星集中。

海王星的行星环

这颗蓝色行星有着暗淡的天蓝色圆环,但与土星比起来相去甚远。当这些环由以爱德华为首的团队发现时,曾被认为也许是不完整的。然而,"旅行者2号"的发现表明并非如此。

这些行星环有一个特别的"堆状"结构,其起因目前尚不明了,但也许可以归结于附近轨道上的小卫星的引力相互作用。认为海王星环不完整的证据首次出现在20世纪80年代中期,当时观测到海王星在掩星前后出现了偶尔的额外"闪光"。

"旅行者2号"在1989年拍摄的图像,让人们发现了这个包含几个微弱圆环的行星环系统,从而解决了这个问题。最外层的

圆环，包含三段显著的弧，现在名为"自由、平等、博爱"。

弧的存在非常难于理解，因为运动定律预示弧应在不长的时间内变成分布一致的圆环。目前认为环内侧的卫星海卫六的引力作用束缚了弧的运动。

"旅行者"的照相机还发现了其他几个环。除了狭窄的、距海王星中心63000千米的亚当斯环之外，勒维耶环距中心53000千米，更宽、更暗的伽勒环距中心42000千米。勒维耶环外侧的暗淡圆环被命名为拉塞尔，再往外是距中心57000千米的Arago环。

2005年新发表的在地球上观察的结果表明，海王星的环比原先以为的更不稳定。凯克天文台在2002年和2003年拍摄的图像显示，与"旅行者2号"拍摄时相比，海王星环发生了显著的退化。有的环也许在一个世纪左右就会消失。

海王星的研究

由于旅途遥远，地球仅有一艘宇宙飞船旅行者2号于1989年8月25日造访过海王星。

当日，"旅行者2号"到达距海王星最近的地点。因为这是"旅行者2号"飞船所要飞临的最后一个主要行星，也就没有后续轨道限制了，它的轨道非常接近卫星海卫一，正如"旅行者1号"飞越土星和它的土卫六时所选择的轨道那样。

这次探测发现了大黑斑，但后来用哈勃太空望远镜观察海王星时，发现大黑斑已经消失。大黑斑起初被认为是一大块云，而据后来推断，它应该是可见云层上的一个孔洞。

"旅行者2号"还飞向海卫一进行了考察，发现海卫一确是太阳系中唯一一颗沿行星自转方向逆行的大卫星，也是太阳系中最冷的天体。它比原来想象的更亮、更冷和更小，表面温度为-240℃，部分地区被水冰和雪覆盖，时常下雪。

上面有3座冰火山，曾喷出过冰冻的甲烷或氮冰微粒，喷射高度有时达32千米。海卫一上可能存在液氮海洋和冰湖，到处都有断层、高山、峡谷和冰川，这表明海卫一上可能发生过类似的地震。海卫一上有一层由氮气组成的稀薄大气层，它的极冠被冻结的氮形成一个耀眼的白色世界。

> 海王星很暗，在地球上，人们用肉眼看不到海王星。在天文望远镜或优质的双筒望远镜中，海王星显现为一个小小的蓝色圆盘，看上去与天王星很相似。

美丽的卫星

卫星是环绕一颗行星按闭合轨道做周期性运行的天体。月球就是最明显的天然卫星的例子。在太阳系里，除水星和金星外，其他行星都有天然卫星。太阳系已知的天然卫星总数至少有160颗之多。

奇特的土星环

土星环是什么

土星环延伸到土星以外辽阔的空间，土星最外环距土星中心有10个至15个土星半径，土星光环宽达20万千米，可以在光环面上并列排上10多个地球，如果拿一个地球在上面滚来滚去，其情形如同皮球在人行道上滚动一样。

主要的土星环宽度48千米至30.2万千米，以英文字母的头7个命名，距离土星从近到远的土星环分别以被发现的顺序命名为D、C、B、A、F、G和E。土星及土星环在太阳系形成早期已形成，当时太阳被宇宙尘埃和气体所包围，最后形成了土星和土星环。

奇异的土星光环位于

土星赤道平面内，与地球公转情况一样，土星赤道面与它绕太阳运转轨道平面之间有个夹角，这个27度的倾角，造成了土星光环模样的变化。使得我们会一段时间"仰视"土星环，一段时间又"俯视"土星环——这时候的土星环像顶漂亮的宽边草帽。而另外一些时候，它又像一个平平的圆盘，或者突然隐身不见，这是因为我们在"平视"光环，即使是最好的望远镜也难觅其"芳踪"。

土星环的发现

1610年，意大利天文学家伽利略观测到在土星的球状本体旁有奇怪的附属物。1659年，荷兰学者惠更斯证认出这是离开本体的光环。

1675年，意大利天文学家卡西尼发现土星光环中间有一条暗缝，后称卡西尼环缝。

他还猜测，光环是由无数小颗粒构成。两个多世纪后的分光观测证实了他的猜测。但在这200年间，土星环通常被看做是一个或几个扁平的固体物质盘。直至1856年，英国物理学家麦克斯韦从理论上论证了土星环是无数个小卫星在土星赤道面上绕土星旋转的物质系统。

1979年9月1日，"先驱者11号"飞临土星，实现了对土星的近距离探测。天文学家说，它所发回的大量照片和数据使我们对土星的了解更加透彻。它发现了土星的两道新光环，发现了土星的新卫星和磁场。

为了对宇宙进行深入考察，继"先驱者11号"之后，于1977年8月20日和1977年9月5日，美国又先后发射了"旅行者2号"和"旅行者1号"两艘飞船，继续对土星进行考察。

另外，由于轨道设计巧妙，它在飞向土星的途中，还分别飞临土卫六、土卫三、土卫一、土卫二、土卫四和土卫五，并于1980年11月13日，在距土星12.4万千米处掠过土星，再一次对土星进行了深入的科学探测，送回了10000多张照片以及各种可供

研究的数据。

从这些新的信息中，又有了惊人的新发现，使关于土星的教科书必须重新改写。有些科学家风趣地说，我们得到的关于土星的知识，比在以前的整个人类历史上所得到的还要多。

最近，天文学家通过美国宇航局"斯皮策"太空望远镜观测到土星"超级尺寸"的环状结构，之前他们未曾探测到。经测量，该环状结构的垂直高度为土星直径的20倍，而土星的直径是地球的9倍，如此说来，这个神秘的环状结构可以容纳10亿颗地球。

光环是怎样形成的

凡是用望远镜观看过土星的人，都为它那美丽的光环所吸引。淡黄的像橘子似的星体围绕着发出柔和的白色光辉的光环，

使人不得不惊叹大自然的绚丽多姿。

是什么构成这美丽而壮观的光环的呢？它们是固体的，还是由许多粒子组成的？

20世纪初，天文学家开勒尔将光环构造之谜破解了。根据开勒尔的测量，土星光环内缘的速度比外缘的速度要快，说明光环不是固体而是由许多冰冻的颗粒状小天体组成的。它们大小相差悬殊，大的可达几十米，小的不过几厘米或者更微小。

那么，它们是一个挨一个均匀地单层排列着，还是各种粒子互相重迭形成多层的排列呢？"旅行者1号"为我们提供了关于土星光环的新形象。

它发现，光环平面内有数百、数千条大小不等的同心环，环

中有环，看起来就像是唱片上的纹路一样。

大多数的环是光滑匀称的，但也有些是锯齿形的，有些呈辐射状，还有些像发辫那样互相扭结在一起，令人眼花缭乱。

"旅行者1号"的探测再次证明，土星光环是由无数大小不等的粒子组成的，粒子直径在几厘米至几米之间。这些粒子以惊人的速度围绕着土星旋转，并且还发出功率很强的无线电信号。

土星表面被浓密的氢气云所笼罩，从地球上用望远镜看去，土星表面有些明暗交替的条带，这是土星上的气流形成的。偶尔出现的白色斑点，可能是土星风暴。

"旅行者1号"发回的照片向我们揭示，土星表面特征极其丰富多彩，既有斑点、晕圈，又有盘旋着的金色丝带以及漩涡状的棕黄色、黄色、橘红色、褐色的带状物，这些照片充分表现出土星表面气流翻滚、风暴迭起的剧烈活动情景。

土星，为太阳系八大行星之一，至太阳由近到远的距离位于第六、体积则仅次于木星。土星与木星、天王星及海王星同属气体巨星，或称为类木行星。

令人疑惑的月球

揭开月球的面纱

在人类的心目中，月球永远是神秘的。1969年7月，美国的"阿波罗11号"载着阿姆斯特朗等人登陆月球后，它那神秘的面纱就此被揭开来。与地球相提并论的话，月球可以说是一个完全迥异的世界，它虽然具有高山、深谷、平原等地形，却看不到湖、海、河流等景观。在引力弱的情况下，大气无法附着，使得光线及声音缺乏传递的媒介，因此月球上可说是片静悄悄的黑暗世界，毫无生命的迹象。

在太阳系中，月亮是离地球最近的一颗卫星，相距大约30多万千米，直径约为3456千米。月亮本身会自转，自转的速度很慢，每小时只有16.56千米左右，大约是地球自转速度的1／13。由于它是地球的卫星，因此在自转的同时，它也不停地循着椭圆形轨道绕地球公转。由于轨道是椭圆的关系，它与地球间的距离也就时刻在变化，最近的距离约为35万千米，最远时则高达56万千米，差距相当大。

月亮自身也有引力，而且对地球有一定的影响。科学家伊丽莎白·哥奇兰说："月球引力影响海潮的潮起潮落，地球本身在月球引力的作用下也发生变形。猛烈的潮汐在地震的引发过程中发挥很大的作用，地震发生的时间会因潮汐造成的压力波动而提前或推迟。"

为何只看到一面

月亮在自转与公转同时进行之下，产生了一个相当有趣的现象，那就是如果在地球上看月亮的话，看到的永远都是同一面。这究竟是什么缘故呢？

原来，月球自转一周的时间恰好和公转的时间相同。月球在地球引力的长期作用下，月球的质心已经不在它的几何中心，而是在靠近地球的一边，这样一来，月球相对于地球的引力势能就最小，在月球绕地球公转的过程中，月球的质心永远朝向地球的一边，就好像地球用一根绳子将月球栓住了一样。

太阳系的其他卫星也存在这样的情况，所以卫星的自转周期

和公转周期相等不是什么巧合,而是有着内在的因素。因此,月球永远都是以同一面朝向地球。

这样,人类也就无法欣赏到它神秘的背景。直至1959年,俄国发射"月球3号"太空船,绕到月球的背面拍摄,人类才得以见到月球背面的真面目。

尽管月亮神秘的面纱已经被揭去,但是仍有许多深奥的领域有待人类一一去探寻,或许有朝一日,月球观光、移民月球、建立各种探测基地的计划等,都不再是异想天开的梦想。

月亮的盈亏圆缺

月亮在不断地围绕地球转,因此,月亮、地球、太阳的相对

位置都在不断地改变着。

农历每月初一,月亮处在太阳和地球之间。这时,月亮对着人们的那一面太阳光照不到;而受到太阳光照射的那一面人们见不到。因此,人们看不到月亮,即此时为新月或朔月。

过了两三天,月亮改变了位置,太阳光逐渐照亮向着地球的这半球的边缘部分,人们也就开始看到月亮被照亮的一小部分。它好像弯弯的蛾眉,人们称它为"蛾眉月"。

这以后,月亮向着地球的这半球照到的太阳光一天比一天多了,于是弯弯的月牙也就一天比一天丰满起来,直至农历初七、初八前后,月亮面对人们的这半球,有一半可以照到太阳光。人们可以看到半个月亮,即为上弦月。

月亮逐渐越变越丰满,直至农历十五、十六,地球处于月亮和太阳的中间,这时月亮对着地球的那一面完全被太阳光照亮,人们就可以看到一个滚圆的月亮,这就是满月,也叫望月。满月之后,月亮一天天地"瘦"下去。

农历二十二三,又只能看到半个月亮,为下弦月;又过四五日,又只能看到蛾眉月;直至农历月份的最后一两天,月亮又消失了。再过三四天,月亮又开始出现,于是开始新的循环。

早期的天文学家在观察月球时,由于没有观测仪器,所以,认为月球上发暗的地区都有海水覆盖,因此把它们称为海。著名的有云海、湿海、静海等。

神奇的月球辉光

是谁发出的辉光

人类在地球上观测月亮，总能发现月亮带着淡淡的黄色光晕。可是当人类到那里实地考察时才发现，月球其实是个死寂的世界。但月球的环形山却经常发出美丽的辉光，这令人大惑不解。1958年11月3日凌晨，苏联科学家柯兹列夫在观测月球环形山的时候，发现阿尔芬斯环形山口内的中央峰，变得又暗又模糊，并发出一种从未见过的红光。

两个多小时后，他再次观测这片区域时，山峰发出白光，亮度比平常几乎增加了一倍，第二夜，阿尔芬斯环形山才恢复原先的面目。柯兹列夫认为，他所观测到的是一次比较罕见的月球火山爆发现象。他认为，阿尔芬斯环形山中央峰亮度增加的原因，在于从月球内部向外喷出了气体，至于开始时山峰发暗和呈现出红色，那是因为在气体的压力下，火山灰最先冲出了火山口。柯兹列夫的观点遭到了一些人的反对，其中包括一些颇有名望的天文学家。他们承认阿尔芬斯环形山的异常现象是存在的。但认为不能解释为通常的火山爆发，而是月球局部地区有时发生的气体释放过程。在太阳光的照耀下，即使是冷气体也会表现出柯兹列夫所注意到的那些特征。

早在1955年，柯兹列夫就在另一座环形山——阿利斯塔克环形山口，发现过类似的异常发亮现象，他也曾怀疑那是火山喷发的现象。1961年，柯兹列夫又在阿利斯塔克环形山中央观测到了他熟悉的异常现象，不同的是光谱分析明确证实这次所溢出的气体是氢气。这类现象究竟应该怎样解释呢？是火山喷发？还是气体释放？或者是其他什么现象呢？

红色斑点

天文学家们还不止一次在月球球面上发现神秘红色斑点。也是那个阿利斯塔克环形山，美国洛韦尔天文台的两位天文学家在观测和绘制其附近的月面图时，先后两次在这片地区发现了使他们惊讶的红色斑点。

第一次是在1963年10月29日，一共发现了3个斑点：先是在阿利斯塔克以东约65千米处见到了一个椭圆形斑点，呈橙红色，长约8000米，宽约2000米。在它附近的一个小圆斑点清晰可见，直径约2000米。这两处斑点从暗到亮，再到完全消失，大约经历了25分钟的时间。第三个斑点是一条长约17000米，宽约2000米的淡红色条状斑纹，位于阿利斯塔克环形山东南边缘的内侧，出现和消失的时间大体上比那两个斑点迟约5分钟。

第二次观测到奇异红斑是在1963年11月27日，也是在阿利斯塔克环形山附近，红斑长约19000米，宽约2000米，存在的时间长达75分钟。1969年7月，首次载入登月飞行的"阿波罗11号"宇宙飞船，在到达月球附近并环绕月球飞行时，曾经根据预定计划，对月面上最亮的这片阿利斯塔克环形山地区进行了观测。飞船指令长阿姆斯特朗是从环形山的北面进行俯视的，他向地面指挥中心报告说："环形山附近某个地方显然比其周围地区要明亮得多，那里像是存在着某种荧光那样的东西。"遗憾的是，宇航员们没有对所观测到的现象作进一步的解释。

红色发光现象

英国的两位科学家注意到了另一个著名的环形山——开普勒环形山也存在类似现象。开普勒环形山在阿利斯塔克环形山东南

方向，直径约35千米，是带有辐射纹的少数环形山之一。

1963年11月1日，英国曼彻斯特大学的两位研究人员，在拍摄开普勒环形山及其附近地区的照片时，注意到就在这片地区内，在两小时内两次出现了红色发光现象，发光面积大得使他们惊讶，每次都超过了10000平方千米。他们从三个方面对这次有色现象提出了自己的见解。

他们指出，持续时间不长而面积那么大的发光现象，不可能由某种月球内部原因造成，而应该认为是起因于太阳。他们认为，由于月球不存在大气，月面受到紫外线、X射线、伽马射线等全部太阳辐射的猛烈袭击，这时，月面的某些地方有可能被激发而发光，面积也可能比较大。

他们明确提出，开普勒环形山这两次发光现象的根源在于太阳面上出现了耀斑。11月1日那天，太阳出现了两次规模不算大的小耀斑，它们的时间间隔与开普勒环形山的两次红色发光现象的时间间隔基本一致。两位英国科学家的观点没有得到广泛支持。如果他们把月面辉光现象与太阳耀斑联系在一起的解释是正确的话，那么，月球发光现象也该有周期性，而且在太阳活动极大，耀斑出现较多的那些年份里，红斑现象也应该出现得更多、更频繁。但观测表明，这样的事从来没有发生过。

亮点位置

1985年5月23日，希腊的一位学者利用折射望远镜连续拍摄的7张月球照片中，有一张照片上出现了一个事先没有预料到的清晰的亮点。经过核查，亮点位于月球明暗界线附近的环形山地

区。他认为,这是由于月面没有大气,被太阳照亮的月面部分的温度,与没有太阳照亮部分的温度相差悬殊的结果。

当太阳从月面上某个地区日出时,也就是从那些正好处在明暗界线附近的地区日出时,一下子从黑夜变为白天的那部分月面温度迅速升高,从-100℃多升至100℃多,这种强烈而迅速的温度变化使得月球岩石胀裂开来,被封闭在岩石下面的气体突然冲到月面,迅速膨胀,便产生了明亮而短暂的发光现象。

美国一位通讯工程师也提出了类似的看法。他曾检测过一些从月球上采集回来的月球岩石标本,发现岩石中含有像氦和氩之类的挥发性气体。

他认为,月岩在热破裂时所释放出来的电子能,完全有可能把挥发性气体点燃,引起短暂的闪光现象。他还表示,他的设想并非毫无根据。据说,月球岩石在地面实验室里进行人工断裂时,确实曾放出过小火花。

过去也确实多次有人在月球明暗界线附近,发现过这类短暂的发光现象。但是,在得不到阳

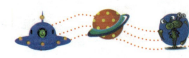

光的月球阴暗部分，也曾观测到过这种闪闪发光现象。这又该如何解释呢？

月球发光的不同看法

对于月球发出的奇异辉光，苏联天文学家科齐列夫认为，是从月球内部向外喷出的气体，使阿尔芬斯环形山中央峰亮度增加。在气体的压力下，火山灰最先冲出了火山口，才使得山峰发暗和呈现出红色。

科齐列夫的观点遭到了一些人的反对，其中包括一些颇有名望的天文学家。他们承认阿尔芬斯环形山的异常现象是存在的；但认为不能解释为通常的火山爆发，而是月球局部地区有时发生的气体释放过程。

有人认为这种辉光同太阳有关，尤其同太阳的耀斑有着密切的联系。有人认为是月球土壤中的气体挥发，扬起灰尘，灰尘摩擦生电，而静电积累到一定程度就产生了辉光。

还有人认为，由于某种原因月球岩石发生断裂，其中的某些气体因体积膨胀而发出了辉光。

上述的这些解释虽各有道理，但均未得到普遍认可，因此，月球为什么能发出辉光，至今仍是个谜。

阿尔芬斯环形山位于月球中部，风暴洋东岸。阿尔芬斯环形山是以西班牙一位热爱天文学的国王阿尔芬斯的名字命名的。

月球的形成之谜

月球形状不规则

月球不是规则球形,而是两极直径略小于月球赤道直径的天体。仔细观察月球形状,我们会发现它好像被人用拇指和食指捏住两极"挤"过一样。

早在18世纪末,法国数学家皮埃尔·西蒙·拉普拉斯就注意到,形状不规则的月球自转时会发生"颤抖"。

月球赤道直径约3476千米,是地球的3/11。体积只有地球的1/49,质量约7350亿亿吨,相当于地球质量的1/81,月面的重力差不多相当于地球重力的1/6。

月球形状不规则的程度较轻微。但参照月球27天7小时43分钟11.5秒的自转周期,赤道直径与两极直径的长度差异仍比理想值大了一些。

20世纪60年代至70年代,太空探测器发现,处于月球与地球地心连线上的月球半径被拉长,

也就是说，如果沿赤道把月球分成两半，截面不是正圆，而是像橄榄球一样的椭圆，"球尖"指向地球。

但迄今无人能就月球当前形状的成因给出完全令人信服的解释。

科学的探索

时代发展至当今社会，科学知识的普及已经使当代人对月球有了正确的认识。

天文望远镜的诞生，使人类第一次有幸目睹了月球的表象，看到了月球表面上的山峰和土地，于是，便开始了对月球的科学研究。人造卫星上天，宇宙飞船的研制成功，打开了从地球通向月球的路，开始了人类天文研究的新纪元。

1969年7月16日，美国佛罗里达半岛上的肯尼迪宇航中心站人潮波涌，欢声雷动，来自世界各地的科学家和观光者们正万分激动地等待着划时代时刻的到来，即人类首次登月航行点火。

7月20日下午16时17分，人类终于完成了这一划时代的伟大创举，千百年来人类登月的梦想变成了生动的现实。

宇航员阿姆斯特朗小心翼翼地爬出舱门，一步一歇地走

奇妙星星的生命疑惑 星球巅峰俯看

下来，因重力小，他用了3分钟的时间才走完9个梯级。他向月球表面迈出了历史性的第一步，非常激动地向全世界宣告：

> 对一个人来说，这是一小步。对人类来说，这是一大步。

之后，人类又先后多次登上月球，并在月球上设置了科学站，进行各种考察试验。随着人们对月球认识的不断深入，月球又展示出了更多的谜团。

月球形成的假说

最令人不解的是月球的成因。根据研究结果发现，月球从诞生至现在已有45亿年的历史，与地球同样古老。这45亿年的月球

是怎样形成的？

目前，主要有5种假说被较多的人接受。

首先是分裂说：月球原为地球的一部分，早期地球还处于熔融状态，由于旋转太快，在赤道附近鼓了起来，越鼓越大，有部分向外凸出，最后断裂脱离，形成了月球。

其次是俘获说：认为月球原是一个绕太阳公转的小行星，在30亿年至40亿年前，因靠近地球，被地球引力俘获，从此成了地球的一颗卫星。

还有孪生说：认为在太阳附近原有一大片分散着的星云物质，后来以其中两个较大的星团为中心，凝聚其他云状物质，便

形成了地球和月球两个星球,它们是"孪生兄弟"。

更有一种离奇的假说,认为月球本身是一艘巨大的外星文明所操纵的飞行器,它一直守候在我们地球人身边,注视着我们的一举一动。只是这种假说不能充分说明外星人为什么要监视着我们且不与我们发生直接联系,而我们地球人又有什么值得外星人来监视或观察的。

持后一种观点的人认为:公元前10000多年,地球经过长期的发展,在许多低海拔、交通便利、土地肥美的地方形成了文明,拥有了城市和大量人口。有一天,月亮突然闯入了地球人的生活,出现了全球性的大洪水,进而地球地轴发生了移位和随之而来频繁爆发的地壳及火山活动,史前人类文明也由此遭到了毁灭性的破坏。

大灾变过后的幸存者又回到了野蛮时代,从高山上下来的牧羊人面对史前文明社会创造的东西一无所知,因此只能从原始阶段重新开始。

巨大撞击论

面对众多假说,许多科学家认为最合理的一种是:月球在太阳系形成初期因行星相撞而产生。这种假说叫做"巨大撞击论",它提出曾有个火星一般大的行星撞向地球,当时两个星球都处于熔融状态,各有一个高密度的岩石核心,核心外包着一层较轻的岩石,一旦相撞,熔融的岩石就迸射而出,后来聚拢成为月球。

月球形成时产生高热,排除了水等容易气化的物质。而撞向地球的行星,其核心融入了地球的核心。

起初,许多天文家拒绝接受此说,因为这种发生概率微乎其微。不过,今天的超级电脑非常先进,计算出如果当时发生过这样的事,月球则会有些什么成分,计算结果竟与事实相吻合。

假说毕竟只是假说,虽然也能够使人们了解一部分自然现象。但又都缺少足够的证据,我们相信关于月亮诞生的学说终会有一个合理的解释。

> 月球与地球一样,有壳、幔、核等分层结构。最外层的月壳平均厚度约为60000米以上。月壳下面到1000千米深度是月幔,月幔下面是月核,月核的温度约为1000℃,可能是熔融状态。

月球上是否有水

月球上是否有水

如果月球上有水，那一定会为太空开发、登月旅行、月球基地建设带来很大的方便。

人们从水中还可以分解出作为宇宙飞船燃料的氢和助燃的氧，同时对于在月球上寻找生命以及研究月球本身，都有着极其重大的意义。因此，人们渴望能在月球上找到水。

自1969年7月"阿波罗11号"宇宙飞船登月以来，"阿波罗"系列的宇宙飞船已6次登月，并从月面上带来大量岩石标本。然而令人失望的是，在对这些岩石的分析表明，月球岩石中根本不含水分，于是，"月球上没有水"成了定论。

月球可能有水存在

美国天文学界对月球的状态作出了挑战性的回答：月球上很可能有水。他认为，在月球北极和南极的环形山中，有终年不见阳光的凹地，那里有可能蓄积着冰，而"阿波罗"宇宙飞船从没

有到过那里。

科学家们研究了月球的有关资料后发现：在月球赤道附近，月面温度正午时是130℃，夜间降至-150℃，温差大得惊人。而在月球极地，温度经常在-200℃左右，在这种情况下，是有可能存在冰的。还有些科学家认为，如果月球与地球是以同样方式诞生的话，那么当初月球上也应该有水。

发现巨大的冰湖

多年前，美国五角大楼发布了一条消息：人类在月球的南极发现了一个巨大的冰湖！这意味着月球有了生命赖以生存的最主要的条件，即水和氧气。

1994年，美国国防部耗资7500万美元发射了"克莱门廷号"的无人驾驶宇宙飞船。这艘飞船执行的是绝密的军事试验任务。当年11月中旬，"克莱门廷号"向月球南极的一个环形山底部发射了一束无线电电波。

令科学家们惊讶万分的异常现象发生了：这束无线电电波以极规则的方式反射回飞船。按照常理，无线电电波碰到岩石、尘埃后会发生折射，反射回飞船的概率几乎为零。因此可以说，这束无线电电波一定是碰到了十分平滑物体的表面。

科学家的计算

美国的航天物理学家和数学家们立即分析了雷达捕捉到的信号，并且运用数学方程进行计算，结论只有一个：无线电电波碰到了冰的表面。

美国国防部认为：在月球的南极有一个巨大盆地，这块盆地

的直径有2500千米，深达13000千米。在这块盆地内，有一个环形山。神秘的冰湖就在这个环形山的底部。根据推算，这个冰湖有5米至10米深，366米长，面积相当于4个标准的足球场那么大。

科学的再探索

1998年，美国宇航局发射宇宙飞船"Lunar Prospector号"，进行验证任务。"Lunar Prospector号"利用微中子光谱仪，扫描月球表面是否含有氢原子，结果再一次发现肯定讯号。这些讯号是否由水分子的氢原子产生呢？大多数的研究员认为答案是肯定的。

美国宇航局让"Lunar Prospector号"撞击月球南极，希望能够溶解冰层产生让地球可以侦测到水的讯号，结果失败了。

这有两种可能的解释，一个是根本就没有水，另一个是产生的水蒸气量不足以让地球上的仪器侦测到讯号。为了解开这个谜，美国国家航空航天局准备还要发射一颗月球极轨道卫星，这颗卫星将使用伽马射线分光计，来考察月球两极是否有冰及其他物质。日本的宇宙科学研究所，也希望尽量发射自己的月球极轨道卫星，实现月球探查计划。

月球水的发现

2010年10月9日，科学家首次证实月球水的存在。在此之前，科学家都认为月球是无水的干燥世界。现已发现的月球水有3种。

  2009年印度"月船1号"月球探测器测量数据，以及美国宇航局执行的月球陨坑观测与传感卫星，最终用事实证实了月球上有水存在。

  观测发现了40个陨坑，每一个陨坑都含有至少约两米深的水冰，所有这些月球水冰的重量总计达到6亿吨。在另一个陨坑内发现月球水存在的证据。至2009年，共发现3种不同类型的月球水。同时发现了近乎纯净的厚镜片状陨坑水冰，发现了松软的冰晶泥土混合物，也发现了遍布整个月球表面的薄层水。

月球水来源争论

  针对月球水究竟源自何处这个问题，现在主要出现4个科学理论。准确地说，第四个理论应该还是一种较为大胆的猜测范畴，但它提出的两种可能性目前还无法排除。

  理论一：古代火山喷发将水带到月表。这一理论认为，月

球从一开始就是一个有水世界。与地球一样，水也是月球形成过程中的一个重要因素。美国月球与行星研究所的斯普蒂斯在对这一理论进行解释时表示，根据这一理论，水集中在月球内部。他认为，在遥远的过去，当时的月球并不像现在这样处于"死亡"状态，那时的它拥有一个炽热的核心，后来它自身的火山喷发或者气体迸发又慢慢将水带到月球表面。自此之后，水便在月表冻结。

理论二：水是月表自身产物。一些科学家推测，水可能是月球自身的产物，形成过程中获得太阳的一些帮助。根据这一理论，太阳会不断喷射"太阳风"的粒子流。太阳风内带正电的氢离子或者质子可能"轰击"月球并与月球土壤中富含氧的矿物质发生相互作用，最终形成了水。美国布朗大学的舒尔茨表示，通过太阳风形成水将是一个极其缓慢的过程。如果以这种方式每天只形成一个水分子，数十亿年内形成的水在数量上也相当可观。

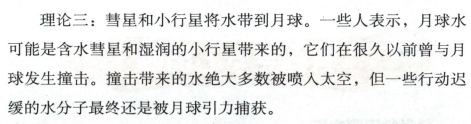

理论三：彗星和小行星将水带到月球。一些人表示，月球水可能是含水彗星和湿润的小行星带来的，它们在很久以前曾与月球发生撞击。撞击带来的水绝大多数被喷入太空，但一些行动迟缓的水分子最终还是被月球引力捕获。

月球与行星研究所的斯普蒂斯说："这一想法认为，彗星或者含水小行星撞击月球并形成一个悬在月表附近的水蒸气云。其中一些水最终移动到极地地区，它们可能进入永久性寒区——冷阱，例如永远无法被阳光照射的一个极地陨坑。"

冷阱内温度极低，水冰无法升华。除此之外，没有空气的月球也不适于液态水存在。其结果是，水将在理论上长期保持冻结状态。

理论四：月球水来自地球。布朗大学的舒尔茨表示，地球水"迁居"月球有两种方式，这两种方式只有在数十亿年前地月距离较为靠近时才有可能发生。

史前时代，地球并不拥有磁场或者强度较弱，太阳风从地球大气层中剥离水蒸气，而后将其送上月球。另外一种可能性是小行星或者彗星撞击地球，巨大的撞击力量将海水射入太空，绕地球轨道运行的月球穿过这个水蒸气云，自此也成为一个有水世界。但舒尔茨同时又承认，这也只是猜测而已。

> 分光计：是一种测量角度的精密仪器。其基本原理是，让光线通过狭缝和聚焦透镜形成一束平行光线，经过光学元件的反射或折射后进入望远镜物镜并成像在望远镜的焦平面上。

月球是空心的吗

科学的探测方法

月球到底是实心还是空心，我们无法用天平去称，也不能用阿基米德浮力定理将其放入海洋中去测量。唯一的办法就是用更为先进的仪器手段去测量，比如测量共振频率，共振时间持续长短，或用无线电波探测等方法。

1969年，在"阿波罗11号"探月过程中，当两名宇航员回到指令舱后3小时，"无畏号"登月舱突然失控，坠毁在月球表面。离坠毁点72000米处的月震仪，记录到了持续15分钟的震荡声。如果月球是实心的，震波只能持续3分钟至5分钟。这一现象证明月球是空心的。

首次发生的月震

人类首次对月球内部进行探测始于"阿波罗12号"，当宇航员乘登月舱返回指令舱时，用登月舱的上升段撞击了月球表面，随即发生了月震。

月球摇晃震动55分钟以上，而且由月面地震仪记录到的月面晃动曲线，是从微小的振动开始逐渐变大的。振动从开始到强度最大用了七八分钟，然后，振幅逐渐减弱直至消失。这个过程用了大约一个小时。

人为制造月震

在"阿波罗12号"造成奇迹后，"阿波罗13号"随后飞离地

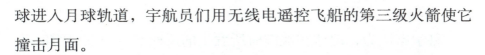

球进入月球轨道，宇航员们用无线电遥控飞船的第三级火箭使它撞击月面。

由此，"阿波罗13号"人工月震获得长达3小时的振动。"阿波罗14号"也采用同样的方法撞击月面，振动持续了3个小时，深达月面下35410米至40230米。

"阿波罗15号"在14号之后接着又做了人工月震试验。这次月震最远传到了距撞击地点700英里远的风暴洋。

如果用同样的方式在地球上制造地震，地震波只能传播1000米至2000米，也不会持续一小时之久。

科学家的结论

科学家认为,地球在地震时所发生的反应与月球在月震时的反应完全不同。地震研究所的主任莱萨姆认为,这种长时间振动现象在地球上是绝对不会发生的。这显然是由于地球和月球的内部构造不同而造成的。

几次人为的月震试验和根据月震记录分析,都得出了相同的结论:月球内部并不是冷却的坚硬熔岩。科学家们认为,尽管不能得出月球这种奇怪的震颤意味着月球内部是完全空心的结论,但可知月球内部至少存在着某些空洞。如果把月震测试仪放置距离再远一些,就可得出月球完全中空的结论。

月球是空心的假说

根据上述事实,苏联天体物理学家米哈依尔·瓦西里和亚历山大·谢尔巴科夫大胆地提出"月球是空心"的假说。并在《共

青团真理报》上指出："月球可能是外星人的产物。15亿年以来，月球一直是外星人的宇航站。月球是空心的，在它的内部存在一个极为先进的文明世界。"如果月球是空心的，且有外星人居住，那么月球的诞生应比地球晚25亿年至30亿年。

但是，这个结论还有待验证，因为从宇航员由月球上带回来的岩石标本看，又证明岩石中有的是在70亿年前生成的，这比地球和太阳年龄，即46亿年还古老。因而这种假说似乎不被人们所接受。月球究竟是空心还是实心，还有待于继续研究。

月震比地震发生的频率小得多，每年约1000次。月震释放的能量也远小于地震，最大的月震震级只相当于地震的2级至3级。月震的震源深度可达月球表面以下700千米至1000千米处。

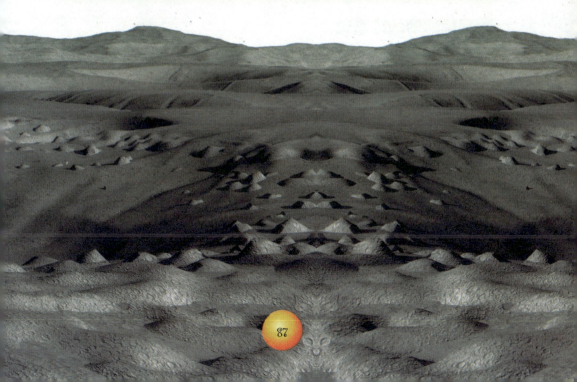

月球起源的说法

月球起源的争论

在科学的概念里,月球是地球唯一的天然卫星,它围绕着地球奔腾回旋不息,它诞生40多亿年来,从未离开过地球的身旁,是地球最忠实的伴侣。

月球的起源与演化一直是人类十分关注的自然科学的基本问题之一。100多年来曾有过多种有关月球起源与演化的假说,但至今仍众说纷纭,难以形成一个统一的公论。这些月球成因学说争论的焦点在于:月球是与地球一样,在太阳星云中通过星云物质的凝聚、吸积而独立形成,还是在后期的演化中被地球俘获而成为地球卫星的?那么,月球到底是怎样诞生的呢?

月球起源的撞击说

有科学家曾断言,月亮是地球早期与另一个天体发生猛烈的宇宙碰撞时产生的。也就是说,月亮是在一次大撞击之后,从地球母体中分裂出来的部分物质形成的。1984年,探索月球的科学家们就以碰撞学说举行了首次学术讨论会,大家的看法已逐步趋于一致。计算机的模拟使撞击场景变得更加活灵活现。

大约45亿年以前,一颗巨大的星体,或许与火星的大小差不多,在一次空前的宇宙大碰撞中猛击了地球。两个天体的球壳都很薄,撞击时破裂开来。撞击物艰难地破开地幔,全面进入地核,在那里留下了大部分躯体。来自两个天体地幔中含硅非常多

的岩石挥发掉了，残片便形成一团环绕地球运转的云雾。气体冷却之后，云雾颗粒冷凝成一个薄薄的光环。在那里，通过反复碰撞，粒子开始聚合增大，经过数千万年之后，月亮就逐渐诞生了。

巨形宇宙飞船说

苏联科学家瓦欣和谢尔巴科夫曾提出：月球是一个受智慧生物控制的天体，也就是巨形宇宙飞船。假如这个假说成立，那么月球应该是中空的。月球的全部天文参数都应符合这种特性。

事实证明，苏联两名科学家的假说得到了许多事实的支持。宇航员在月面上做的月震试验、火箭三级毁月试验都表明月球是中空的，产生如铜钟般的震动效果。从这些现象中，都说明月球是受外星人操控而来到地球身边的一个外星人人造天体的可能性相当大。

根据宇宙信息,有人更确切地提出,月球的确是外星人改造过的一个天体,是外星人的宇宙基地。

后来,种种原因又使月球变为高轨道飞行,而且慢慢远离地球。这种假说或许有些神奇怪异,但根据近年来的地球气候变迁和宇航登月飞行的试验表明,上述假说又好像非常有道理。

月亮与地球的关系

据俄罗斯《真理报》最新报道,俄罗斯科学家利用计算机对远古时期的大量遗迹进行分析,再现了月亮是上万年的变迁结果。研究表明,正如许多神话传说中所说的那样,在很久以前,天空中本来没有月亮,它是在大洪水之后才出现的。

那么,大洪水前没有月亮的说法似乎不能成立。但是俄罗斯科学家认为,会不会有这种可能:当时的确没有月亮,但是有另外一个星体存在,是它起到了作用呢?而据玛雅文明留下的文字资料记载,在当时高悬夜空的并不是月亮,而是金星。古罗马人也认为,正是因为金星的颜色、大小、形状和运行轨道后来发生了巨大改变,才导致了大洪水的发生。

月亮究竟从哪来

许多神话传说中都说,大洪水之后,天空一片漆黑,然后月

亮升起来了。

一些科学家相信,月亮并不一直都是地球的卫星。德国天文学家盖斯特·科恩认为,月亮的年龄大约只有地球年龄的一半。月亮形成之初,它的运行轨道本来离地球相当之远。

然后,某个太空飞行物从月球身边擦身而过,从而改变了月亮的轨道。

接下来,月亮离地球越来越近,最后被地球所"俘获"。从此,月亮接近地球时,导致涨潮、火山爆发和地震。此外,有许多其他理论解释月亮究竟从何处而来。

月亮是地球的一部分

"会不会有陨星将和地球相撞"成了更多人讨论的话题。陨星和真正的星体相比要小许多,而其中也有体积相当大的,大到足以毁灭地球上所有生命。人们因此得出结论:一些小的星体其实就是大星球的碎片。因此,有可能陨星是其他星球的一部分。

俄罗斯科学家阿那托里·车恩亚夫认为,这种说法也可以解释月亮的由来。按照他的理论,由于某种原因,地球的一个巨大部分和地球分离,但是它无法摆脱地心引力的束缚,最后成为地球的卫星,即月亮。当然这种理论目前还无法证实。

> 月球起源的同源说坚信,月球与地球是姐妹或兄弟关系,月球与地球在太阳星云凝聚过程中同时出生,或者说在星云的同一区域,同时形成了地球和月球。

探索月球上的生命

月球上发现了冰

1998年3月5日,美国国家航空和航天管理局的科学家们声称:由佛罗里区发射升空的"月球探测者号"机器人发回的数据表明,月球陨石坑底部的土质很松,里面有大量的氢,这表明干土里有冰碴。

中国学者的解释

人们不禁会问:月球上为什么会有水?有多少水?月球上会

有生命吗？

1997年，中国学者雷文星曾作过试探性的解释：月球与地球的年龄相当，它的内能与动能都小于地球，故体温上升得慢一些，演化的速度也慢了一拍，目前它还处于水冰球阶段。在其约5000米厚的水冰层底部，有一层并不环流的水幔。水幔底部是硅酸盐类和硫包裹着的铁镍核。水冰壳表面是一层冰土和砾石，若向月球表面发射一颗导弹，便可揭示出它尘下冰壳的构成及壳下水幔的存在。

美国科学家的推断

20世纪60年代初，科学家就注意到在月球两极永久背阴的陨石坑中，可能存在着水冰，他们认为，那是由彗星撞击带来的。声称发现月球有水的美国科学家则进而认为：在过去几千亿年里，由于冰彗星和冰陨石袭击月球，所以会把冰留在了月球上。

据推断：月球上水的总储量有可能在1100万吨至3.3亿吨之间。如果月球陨石坑底土壤含水层非常深的话，月球上水的总储量有可能达到13亿吨。关于月球上水的问题，要想有个确切的答案，还得继续去探索。

> 1994年1月，美国和法国发射的"克莱门汀"月球探测器，在进行月貌测绘过程中，发现月球南极一盆地有水冰存在的迹象。

太空的疑问

　　除了行星之外，宇宙里还有各式各样的星体，彗星就是其中的一种，这种星体是怎样形成的？它与其他星球有何不同？它会给地球带来灾难吗？另外，地球之外的星球有生命吗？它们是否与地球一样，有山川河流、火山地震？

太空流浪者——彗星

彗星为何引人注目

20世纪末,全世界天文爱好者开始翘首以待,用期待又兴奋的心情迎接两个回归的彗星明星,即先有1996年的百武彗星,后有1997年的海尔波普彗星的闪亮登场。

彗星为什么如此引人注目呢?首先是它的奇异的形状,毛茸茸的彗头中间嵌着闪光的彗核,拖着又长又透亮的彗尾;其次彗星突然出现,来也匆匆,去也匆匆,有的则从遥远的行星际尽头

奔向太阳，随后又扬长而去，长久不归，如同浪迹太阳系的漂泊者。

埃德蒙·哈雷的观测

埃德蒙·哈雷曾担任过格林尼治天文台台长。1682年，他通过分析观测记录，发现1531年、1607年和1682年的3颗彗星在出现方法、运行轨道和时间间隔上有着惊人的相似之处，遂于1705年断定，这几颗彗星是同一颗彗星的反复出现，并预言这一彗星将在1758年再度出现在空中，并且每隔76年将出现一次。

后来，哈雷的预言得以证实，该彗星在1758年的圣诞之夜果然再次回归，遗憾的是哈雷已于16年前与世长辞，无缘与他会面了。为纪念哈雷的功绩，从此，这颗彗星就被正式命名为"哈雷彗星"，这也是人类第一次预报归期的彗星。

哈雷彗星的回归

20世纪哈雷彗星有两次回归，第一次是1910年5月，地球在哈雷彗星庞大的尾巴中逗留了好几个小时，亮度如同火星，让人大饱眼福。第二次，1985年至1986年，就远不如上次壮观，直至1986年3月和4月，人们才在南半球上空一睹其尊容。

哈雷彗星每76年回归一次，绝大部分时间深居在太阳系的边陲地区，即使用现代最大的望远镜也难以搜寻到它的身影。地球上的人们只有在它回归时有三四个月的时间能够见到它。

彗星是个脏雪球

1986年，天文学家已经认识到，彗星实际上是一个由石块、尘埃、甲烷、氨所组成的冰块。彗核外表酷似一个深黑色的长马铃薯，就像一个脏雪球。这样的小个子，远离太阳时在地球上是无法辨认的，当这个脏雪球飞向太阳时，太阳的加热作用，使其表面冰蒸发升华成气体，与尘埃粒子一起围绕彗核成为云雾状的彗发和核，合称彗头。彗发又使阳光散射，便形成星云般淡光的长长彗尾。这时，彗头直径可达几十万千米，彗尾长达好几千万千米，变得好

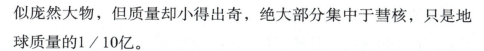

似庞然大物，但质量却小得出奇，绝大部分集中于彗核，只是地球质量的1／10亿。

天空稀客、常客、过客

彗星可分为沿椭圆形轨道运动的周期彗星，以及沿抛物线和双曲线轨道运动的非周期彗星。周期彗星循着轨道周期性回到太阳附近来，只有在这时显得亮，我们在地球上才容易发现它。哈雷彗星是短周期彗星的代表，它的周期是76年，下次它来到太阳附近将是21世纪60年代，2061年将会出现。

最短的是恩克彗星，周期3.3年，从1786年发现以来，已出现过50多次，算是常客了。而非周期彗星就可以算是

太阳系的过客,他们可能沿着双曲线和抛物线从遥远的太阳系深处来,在太阳这儿打个弯,又不知跑到哪处天涯海角去了。

掠日彗星

美国一颗专门观测太阳的人造卫星记录到:1977年8月30日,一颗彗星撞到太阳!这是人类第一次发现的彗星与太阳相撞。天文学家认为这颗与太阳相撞的彗星是掠日彗星族中的一颗。300年来,天文学家只观测到8颗这一族的彗星。因为他们都是以很近的距离像燕子掠过水面似的掠过太阳表面,所以称为"掠日彗星"。

最早的一颗"掠日彗星"是1680年发现的,它以每秒530千

米的高速在离太阳表面只有23万千米处穿过。离开太阳最近的是1963年发现的一颗彗星，它在离太阳表面只有60000千米处飞过。太阳直径是139万千米，这个彗星离开太阳只有60000千米，它简直是擦边而过，实在是惊险的历程！

实际上还有许多掠日彗星没有被地面上的人们发现，这是因为太阳光太亮，以致很难观测到距离太阳很近的彗星。1977年这颗与太阳相撞的彗星，如"以卵击石"，在太阳身上撞了个粉碎，而太阳却毫不在乎，我行我素，继续照耀亿万年。

2011年10月9日，一颗罕见的巨型掠日彗星撞击了太阳，闪光照亮了夜空。在轨道上运行的探测器在撞击发生前7小时，捕获了这颗正高速冲向太阳的彗星的实时画面。随后，当这颗彗星一头扎进太阳的熊熊烈焰之后，太阳表面随即发生一次X级耀斑爆发，大量带电粒子穿透日冕冲入太空，如节日的烟火般照亮宇宙夜空。

这颗彗星是在2011年9月30日，由地面业余彗星观测者发现的。当它冲入太阳时发生了分裂，非常壮观。太阳和太阳风层探测器抓拍到了撞击发生前数小时的画面，但是最后的场面却被一场出乎意料的剧烈太阳耀斑爆发淹没了。

百武彗星：是一颗非周期性彗星，由日本鹿儿岛业余天文学家百武裕司于1996年1月30日发现，是他发现的第二颗彗星。"百武彗星"通常是特指"百武2号"彗星，这颗彗星让他闻名于世。

冥王星存废的争议

冥王星是行星吗

美国罗斯地球及太空中心的科学家提出新理论，认为太阳系中离太阳最远的冥王星其实不是行星，而只是一块巨大的冰，应将其"废掉"。

据这个隶属纽约美国自然历史博物馆的机构称，在海王星外是一条冰雪形成的管星带，这其中就包括冥王星。

不过大部分天文学家认为，除非有确实证据，否则冥王星将

仍被视为太阳系第九大行星。

行星资格的争论

自从70多年前被发现的那天起,冥王星便与"争议"二字联系在了一起,一是由于其被发现的过程是基于一个错误的理论;二是由于当初将其质量估算错了,误将其纳入到了大行星的行列。

1930年,美国天文学家汤博发现了冥王星,但当时错估了冥王星的质量,以为冥王星比地球还大,所以命名为大行星。

然而,经过近30多年的进一步观测,科学家发现它的直径只有2300千米,比月球还要小,等到冥王星的大小被确认,"冥王星是大行星"早已被写入教科书,以后也就将错就错了。冥王星的质量远比其他行星小,甚至在卫星世界中也只能排在第七、第八位左右。

新世纪的发现

进入21世纪,天文望远镜技术的改进,使人们能够进一步对海王星外天体有更深的了解。

2002年,被命名为50000 Quaoar,即夸欧尔的小行星被发现,这个新发现的小行星的直径达1280千米,要长于冥王星的直

径的一半。

2005年7月9日，又一颗新发现的海王星外天体被宣布正式命名为厄里斯。

根据厄里斯的亮度和反照率推断，它要比冥王星略大。这是1846年发现海王星之后太阳系中所发现的最大天体。它的发现者和众多媒体起初都将之称为"第十大行星"。

也有天文学家认为，厄里斯的发现为重新考虑冥王星的行星地位提供了有力佐证。

冥王星真的能废除吗

冥王星一直都跟其他八大行星有所区别，它较像彗星，其公

转轨道比其他行星多倾斜了17度。

在1930年刚发现它时，科学家认为它的体积一如地球，但现在发现它的宽度只有2273千米，比月球还小。

1992年，天文学家在海王星外发现由数以百计的冰和石组成的彗星，将之称为凯珀带，其中约有70颗分星与冥王星的公转轨道相近。

罗斯中心称，由于对行星没有一致的诠释，故应把太阳系分为太阳与五类物体：像金星、水星、地球和火星这种由高密度石质形成的细小行星；在火星与木星之间由碎石和铁形成的小行星带；巨大的气体星球如土星、木星、天王星、海王星；奥尔特星云和凯珀带。

至于冥王星，罗斯中心认为它应是凯珀带的一分子。

该中心说，过去也有行星被"废"的先例，如 1801年被称为行星的谷神星，后来就被重划为小行星，因为它的宽度只有933千米。

反对"废"掉冥王星的天文学家说，谷神星的行星地位只享用了一年，而冥王星却享用70多年，况且"废"谷神星是获天文学界一致同意的。

在罗马神话中，冥王星是冥界的首领。这颗行星得到这个名字，是由于他离太阳太远以致于一直沉默在无尽的黑暗之中，与人们想象的冥境相似。

冥王星归类为矮行星

发现比冥王星大的星体

2006年8月,有关太阳系行星数量变化的消息传遍了世界各地。

一直以来,行星都被看做是围绕太阳公转的大型天体。太阳系的行星共有9颗,冥王星是最外围的行星。在这之前虽然一直没有对行星下过一个精确的定义,但也没有谁提出过异议。

然而,1930年发现的冥王星在当时虽然被认为和地球差不多大小,但随着观测技术的进步,科学家们逐渐发现它的体积比原先预测的要小得多,运行轨道也并不规则,这些都不符合人们对

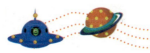

于行星的判断标准。到了1978年，冥王星的卫星卡戎星被发现，它的体积竟然是冥王星的一半，这也说明冥王星的实际体积比地球的卫星月亮还要小。

通过近年的观测，在海王星外侧发现了许多小型外天体，这一切都逐渐表明：冥王星与行星的成因不同，只是太阳系边缘无数微型天体中的一颗。到了2003年10月，科学家们终于发现了一颗比冥王星更大的天体：UB313，于2006年9月命名为厄里斯。

这样一来，不论是从科学理论角度来说，还是从体积的大小来讲，冥王星都已与行星的特征不符，天文学界已将其归为小行星之中新的一类"矮行星"的代表之一。

正式确定行星的概念

直至这时才有许多人发现：一直以来科

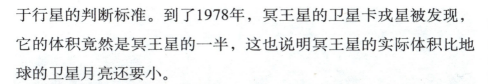

学界对于行星都没有具体的定义。对我们来说,"行星"的存在太过寻常,以至于人们忘了给它一个准确的概念。或者不如说,"水星、金星、地球、火星、木星、土星、天王星、海王星、冥王星"这一长串名字便是人们一直以来对行星的定义。然而,随着观测水平的提高,天文学家在冥王星附近又发现了许多小型天体。当然,既然说是小型天体,那些不计其数的小行星也就不足为奇了。可谁也没有想到,会在这一带发现一颗比冥王星还要大的小型天体。

在刚刚发现这颗比冥王星还要大的天体时,科学家们用小行星的命名方式将它命名为厄里斯。它的直径为2400公里,比直径为2390千米的冥王星要大。这样就出现了一个问题,因为它比冥王星大,厄里斯的发现者主张将其列为第十大行星。这个提议原本无可厚非,但紧接着,科学家们又发现了几颗和冥王星大小相当的小型天体。这样一来,如果承认厄里斯为第十大行星,那

么，十一大行星、十二大行星等等也会相继出现。如此一来，"大行星"的数量便会多得数不清。

废除冥王星九大行星的身份

2006年8月24日，世界上的众多天文学家聚集到国际天文学联合会总部捷克首都布拉格，就冥王星的问题展开了讨论，最终确定废除冥王星作为九大行星之一的身份。那么冥王星该何去何从呢？起初大家认为它应被归类在小行星之中，但从行星到小行星的称谓难免给人以"降低身份"的印象，于是大家决定创建矮行星这一新的分类，并以冥王星作为该分类的代表。

不管怎样，太阳系内产生这样大的变动，最主要的原因便是随着观测技术的进步，在海王星和冥王星的轨道附近以及更远的地方发现了许多新的天体。起初为了纪念预言这些天体存在的两位天文学家，这些天体被称为"艾吉沃斯·柯伊伯天体"，最近它们已经有了一个更加大众化的名字"太阳系外缘天体"。

太阳系外缘天体分布在距太阳约30至50天文单位的空间里，但随着轨道直径长达1000天文单位的小行星陆续被发现，太阳系的范围也越来越大。而至于太阳系究竟有多大，这个问题仍有待我们进一步探索。

> 卡戎星：又称冥卫一，是在1978年发现的。2005年，又发现两颗冥王星的卫星冥卫二和冥卫三。依现行的定义，冥卫一可能是冥王星最大的卫星，也可能与冥王星组成双矮行星。

金星是启明星吗

金星是天空最亮的星

金星是除太阳外最亮的星，比著名的天狼星还要亮14倍。天狼星是除太阳外地球能够看到的最亮的恒星，它就像一颗耀眼的钻石，时常镶嵌在湛蓝的天空。所以，古希腊人称它为爱与美的女神，而罗马人则称它为维纳斯。

金星和水星一样，是太阳系中仅有的两个没有天然卫星的大行星。因此，金星上的夜空中没有"月亮"，在金星上能够看到的最亮的"星星"只有地球。由于离太阳比较近，所以在金星上

看太阳，太阳的大小比地球上看到的大一倍半。

金星的质量和大气

从结构上看，金星和地球有不少相似之处。金星的半径约为6073千米，只比地球半径小300千米，体积是地球的0.88倍，质量为地球的4/5；平均密度略小于地球。

虽说如此，但两者的环境却有天壤之别：金星的表面温度很高，不存在液态水，加上极高的大气压力和严重缺氧等残酷的自然条件，金星存在生命的可能性极小。

金星周围有浓密的大气和云层。只有借助于射电望远镜才能穿过这层大气，看到金星表面的本来面目。

金星大气中，二氧化碳最多，占97%以上。同时还有一层厚达20000米至30000米的由浓硫酸组成的浓云。

金星自转方向

金星表面温度高达465℃至485℃，大气压约为地球的90倍，这种气压相当于人类在地球900米深海中的压力。

金星自转方向跟天王星一样，但与其他行星相反，是自东向西。因此，在金星上看，太阳是西升东落。

金星绕太阳公转的轨道是一个很接近正圆的椭圆形，偏差不超过一度，并且与黄道面接近重合，其公转速度约为每秒35000米，公转周期约为224.70天。但其自转周期却为243日，也就是说，金星的自转恒星日一天比一年还长。

不过，按照地球标准，以一次日出到下一次日出算一天的话，则金星上的一天要远远小于243天。这是因为金星是逆向自转的缘故；在金星上看日出是在西方，日落在东方；一个日出到下一个日出的昼夜交替只是地球上的116.75天。

在地球上看金星与太阳的最大视角不超过48度，因此金星不会整夜出现在夜空中。我国民间称黎明时分的金星为启明星，傍晚时分的金星为长庚星。

金星逆向自转现象，有可能是很久以前金星与其他小行星相撞而造成的，但是现在还无法证明。除了这种不寻常的逆行自转以外，金星还有一点不寻常。金星的自转周期和轨道是同步的，这么一来，当两颗行星距离最近时，金星总是以同一个面来面对地球。这可能是潮汐锁定作用的结果，当两颗行星靠得足够近时，潮汐力就会影响金星自转。当然，也有可能是其他未知的原因。

> 天亮前后，东方地平线上有时会看到一颗特别明亮的"晨星"，人们叫它"启明星"；在黄昏时分，西方余晖中有时会出现一颗非常明亮的"昏星"，人们叫它"长庚星"。这两颗星都是同一金星。

奇妙星星的生命疑惑
星球巅峰俯看

火星上是否有生命

关于生命存在的争论

火星的外表虽然伤痕累累，现在却已经有许多科学家认为：火星地表之下，有可能生存着最低级的、类似细菌或病毒的微生物的有机体。另一些科学家虽然感觉到火星上现在根本不存在生命，但并不排斥这样一种可能性：在某个极为遥远的古老时期，火星可能曾经出现过"生物繁盛"的时代。

这些争论的范围不断扩展。其中的一个关键因素就是：从作为陨石到达了地球的火星碎片或岩石当中，是否找到了一些可能存在过的微生物化石，是否找到了生命过程的化学证据。这个证

据，必须连同对生命过程进行的那些肯定性试验结果一同被定了下来，即"海盗号"登陆车就曾经进行过此类试验。

生命的烙印

火星上干涸的河床构造是否显示曾有过生命存在？但是，吉尔伯特·莱文却不认同。他为此进行了"放射性同位素跟踪释放"实验，而这个实验则显示出了准确无误的积极读数。他当时想公布这个结果。

1996年8月，美国宇航局宣布，他们在编号ALH8400的火星陨石中，发现了微生物化石的明显遗迹。这时，莱文公布了实验结果。美国宇航局公布的证据，支持了莱文本人的观点，即这颗红色星球上一直存在着生命，尽管那里的环境极为严酷："生命比我们所想象的要顽强。在原子反应堆内部的原子燃料棒里发现了微生物；在完全没有光线的深海里，也发现了微生物。"

英国欧佩恩大学行星科学教授柯林·皮灵格也同意这个观点。他乐观地说："我完全相信，火星上的环境曾一度有利于生命的产生。"

他还指出，"有的试验证明，在150℃高温里也有生命形式存在。你还能找到多少比生命更顽强的东西呢？"

生命存在的依据

科学家们认为，没有液态水，任何地方都不可能萌发生命。假如这是正确的，那么，火星过去和现在存在着生命的证据，就必然非常明显地意味着：火星上曾经充满过大量的液态水。

但是，这并不必然意味着任何生命都不能在火星上存活。恰

恰相反，最近一些科学发现和实验已经表明：生命能够在任何环境下繁衍，至少在地球上是如此。

在地球上，休眠的微生物被琥珀包裹了数千万年而保存下来。1995年，美国加利福尼亚州的科学家曾经成功地使这些微生物复活，并把它们放在了密封的实验室里。另外一些有繁殖能力的微生物有机体，已经从水晶盐当中被分离了出来，它们的年龄超过了两亿年。

科学家的继续探索

随着美国宇航局对火星的继续探索，科学家们相信，火星和地球之间存在交叉感染的情况是极为可能的。的确，早在人类开始太空飞行时代之前很久，可能已经发生过这种交叉感染的情况了。

来自火星表面的陨石落到地球上，同样，有人认为因小行星的撞击而从地球飞溅出去的岩石有时也必定会到达火星。

可以想象，地球上的生命本身就有可能是由火星陨石携带过来的，反之也是如此，生命体也可能被从地球上带到火星。火星上到底有没有生命？也许，直至人类的脚步踏上火星之前，它永远不会有一个明确的答案。

1877年，意大利天文学家斯基帕雷利对从望远镜里看到的火星上那些隐隐约约的直的暗沟大吃一惊，这些暗沟就像海峡连接着大海一样，把一些宽广的暗区连接了起来，他将其命名为"水道"。

天王星也有环带吗

探测天王星的历程

1977年8月20日,"旅行者2号"太空船发射升空,它的使命是为了探测天王星。

1986年1月24日,"旅行者2号"在8年的漫长岁月和48亿千米的长途跋涉之后,才从距离天王星的最近点飞过。

为能接收来自"旅行者2号"上的微弱电波,美国宇航局把位于澳大利亚堪培拉的64米天线与澳大利亚帕克斯天文台的64米天线联机工作,以提高整个深空跟踪网的接收能力。

天王星环带的发现

1977年3月10日,出现了天王星掩恒星的罕见天象。各国天文学家都对此进行了深入研究,结果,人们竟意外地发现天王星也有环带。

此后,天文学家利用13次天王星掩恒星的机会,对天王星的环带进行了多次研究和反复调查。

"旅行者2号"飞抵天王星之前,天文学家确认天王星共有9个环带。

后来,"旅行者2号"在成功地拍摄了天王星光环的同时,还详细考察了已知的5颗卫星,并同时发现了10颗新的卫星,送回许多令人叹为观止的精彩照片。

从这些照片看,这5颗老卫星的地貌多彩多姿,可称得上是太阳系固体天体表面地形的缩影。

天王星的真面目

"旅行者2号"从1986年1月10日开始传送回天王星本体照片，此次"旅行者2号"的观测资料表明，氦的含量约为10%至15%。

天王星环绕太阳公转的姿态非常特别，它的赤道面与轨道面的倾角是97度55分，因此在天王星的一年，相当于84个地球年中太阳光轮流照射在它的南极和北极。

"旅行者2号"还捕捉到天王星发出的射电波，这表明天王星有磁场存在。天王星的秘密破解了许多，但新的迷团又不断增加。要清楚认识天王星，还要靠科学家不懈地努力。

> **我还想知道**
> 美国宇航局分别于2003年和2005年观测到天王星两个新发现的环带，其中之一位于天王星已知环带的外侧，而另一个位于其外侧，两颗新发现的卫星因亮度太低，在照片上几不可见。

海王星上有火山吗

海王星的英姿

在海王星被发现后的143年中,尽管天文学家们采用了高倍率望远镜,仍对它无法进行深入了解。

1989年8月,宇宙飞船"旅行者2号"从距离海王星云端4800千米的地方飞过,一下子改变了这种状况。通过"旅行者2号"从44.8亿千米的远方发回的照片,人们终于看清了海王星的英姿。

从此,人们才知道,海王星并不是太阳系里的一个死堆,而是经常有风暴活动。它有3个光环,也就是卫星与小行星碰撞的古老遗迹。它有8颗卫星,其中一颗此刻正在从冰火山中喷出液态氮的泡沫。

海王星的发现

其实,在很久以前两位数学家用纸和铅笔就"发现"了海王星。根据天王星的奇异轨道,亚当斯和勒威耶各自预测存在着一个新行星。他们计算出,在更远的地

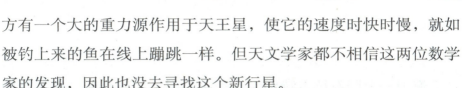

方有一个大的重力源作用于天王星,使它的速度时快时慢,就如被钓上来的鱼在线上蹦跳一样。但天文学家都不相信这两位数学家的发现,因此也没去寻找这个新行星。

1846年,勒威耶把他的图纸寄给了一位名叫伽勒的年轻德国天文学家。就在那天晚上,伽勒在夜空中观测到这个蓝色的行星。

巨大的风暴

1989年8月,"旅行者2号"从海王星旁边飞过。在这之前的几个月,"旅行者2号"的照相机就可以拍摄到海王星的详细情况。这些情况从地球上是无法看到的。海王星上有一巨大鹅卵形风暴,直径大约1.28万千米,看上去犹如蓝色海王星向外注视着的一只大眼睛,科学家们称之为"大黑斑"。在这个风暴的眼里,直径640千米的"雨果号"飓风只是一个斑点而已。

不过这种风暴并不是海王星独有。"旅行者2号"发现,木星和土星上的风暴更大而且更为强烈。这种风暴天气使科学家们感到兴奋,他们了解到,这些行星在气象方面是活跃的。

海王星卫星

让科学家感到欣慰的是"旅行者2号"共发现了6颗海王星的新卫星照片,使海王星的卫星总数增加到8颗。海卫一是海王星最大的一颗卫星,也是"旅行者2号"照相机拍摄的主要目标。

从科学家们观测到的情况来看,海卫一曾经是一个行星。这种说法的主要证据是,海卫一是唯一一颗沿着与其母行星运行方向相反的轨道运行的大卫星。在整个太阳系里没有一颗大卫星这

样逆行。

海卫一上的冰火山

海卫一上陨石坑也特别少，表明海卫一地质活跃。由冰覆盖的表面部分溶解后又重新冻结，将一些最大最老的陨石坑都覆盖了。从"旅行者2号"发回的照片中，可以看出海卫一上有活的冰火山。

但这些冰火山不像地球上的火山那样喷出赤热的岩浆，而是喷出液态氮。当液态氮到达极其寒冷的表面时，马上被冻结成冰晶射流，高达8000米。

这股射流遇到海卫一大气的微风后，就形成风吹的条纹，落回到海卫一的表面。但所有的这些还都只是猜测，它是否正确，

最终还只有靠人类的科学发展去下定论。

海王星大黑斑

"旅行者2号"探测海王星的期间,海王星上最明显的特征就属位于南半球的大黑斑。在海王星表面南纬22度,有的类似木星大红斑及土星大白斑的蛋型漩涡,以大约16天的周期以反时针方向旋转,称为"大黑斑"。

由于大黑斑每18.3小时左右绕行海王星一圈,比海王星的自转周期还要长,大暗斑附近的纬度吹着速度达300米每秒的强烈西风。"旅行者2号"还在海王星南半球发现,一个较小的黑斑和一个以大约16小时环绕行星一周的速度飞驶的不规则的小团白色烟雾。它或许是一团从大气层低处上升的羽状物,但它真正的本质还是一个谜。

然而,1994年哈勃望远镜对海王星的观察显示出大黑斑竟然消失了!它或许就这么消散了,或许暂时被大气层的其他部分所掩盖。

几个月后哈勃望远镜在海王星的北半球发现了一个新的黑斑。这表明海王星的大气层变化频繁,这也许是因为云的顶部和底部温度差异的细微变化所引起的。

> 海卫一的赤道附近,有一个由冰覆盖着的蓝色地带,这个地带是由冰冻的甲烷气体构成的。这使海卫一成为太阳系中唯一一颗真正的"蓝色卫星"。

星球的揭秘

　　太阳系是由太阳、行星及其卫星与环系、小行星、彗星、流星体和行星际物质所构成的天体系统及其所占有的空间区域。随着科技的不断进步，人类已经陆续揭开太阳系行星的奥秘，并在继续对各大行星进行探测研究，力求早日揭开宇宙的所有秘密。

太阳系的矮星是什么

矮星

矮星是指像太阳一样的小主序星,如果是白矮星,就是像太阳一样的一颗恒星的遗核,而褐矮星则没有足够的物质进行熔化反应。

黑矮星

黑矮星是类似太阳大小的白矮星继续演变的产物,其表面温度下降,停止发光发热。原指本身光度较弱的星,现专指恒星光谱分类中光度级为V的星,即等同于主序星。光谱型为O、B、A的矮星称蓝矮星,如织女星、天狼星,光谱型为F、G的矮星称为黄矮星(如太阳),光谱型为K及更晚的矮星称为红矮星,如南门

二乙星。

由于一颗恒星形成至演变为黑矮星的生命周期比宇宙的年龄还要长,因此现时的宇宙并没有任何黑矮星。

假如现时的宇宙有黑矮星存在的话,侦测它们的难度也极高。因为它们已停止放出辐射,即使有也是极微量,并且多被宇宙微波背景辐射所遮盖,因此侦测的方法只有使用重力侦测,但此方法对于质量较少的星效用不大。

但白矮星、亚矮星、黑矮星则另有所指,并非矮星。物质处在简并态的一类弱光度恒星"简并矮星"也不属矮星之列。

黑矮星则是理论上估计存在的天体,指质量大致为一个太阳质量或更小的恒星最终演化而成的天体,它处于冷简并态,不再发出辐射能;也有人专指质量不够大,即小于约0.08太阳质量,已

没有核反应能源的星体。

白矮星

白矮星是一种低光度、高密度、高温度的恒星。因为它的颜色呈白色、体积比较矮小，因此被命名为白矮星。白矮星属于演化到晚年期的恒星。

恒星在演化后期，抛射出大量的物质，经过大量的质量损失后，如果剩下的核的质量小于1.44个太阳质量，这颗恒星便可能演化成为白矮星。

对白矮星的形成也有人认为，白矮星的前身可能是行星状星云，是宇宙中由高温气体、少量尘埃等组成的环状或圆盘状的物

质，它的中心通常都有一个温度很高的恒星，就是中心星的中心星，它的核能源已经基本耗尽，整个星体开始慢慢冷却、晶化，直至最后"死亡"。

红矮星

根据赫罗图，红矮星在众多处于主序阶段的恒星当中，其大小及温度均相对较小而低，在光谱分类方面属于K或M型。它们在恒星中的数量较多，大多数红矮星的直径及质量均低于太阳的1/3，表面温度也低于3500K。释出的光也比太阳弱得多，有时更可低于太阳光度的1/10000。

又由于内部的氢元素核聚变的速度缓慢，因此它们也拥有较长的寿命。红矮星的内部引力根本不足把氦元素聚合，也因此红矮星不可能膨胀成红巨星，而逐步收缩，直至氢气耗尽。

也因为一颗红矮星的寿命可多达数百亿年，比宇宙的年龄还长，因此现时并没有任何垂死的红矮星。

人们可凭着红矮星的悠长寿命，来推测一个星团的大约年龄。因为同一个星团内的恒星，其形成的时间均差不多，一个较年老的星团，脱离主序星阶段的恒星较多，剩下的主序星之质量也较低，人们找不到任何脱离主序星阶段的红矮星，间接证明了宇宙年龄的存在。

> 棕矮星和褐矮星是同一类天体的不同称呼。棕矮星的理论最初于1960年代早期提出，指其数量可能比恒星多，它们会释出红外线，可凭地面的红外线侦测器来侦测。

木星上的生命研究

木星上有生命吗

木星是一个由气体形成的行星,大气层中充满了氢气、氦气、氨、甲烷、水分,根本没有可供登陆的固态地表,这样的行星对生命的生存有着极大的障碍。

但是,科学家们曾调查大气层的这些成分,发现和形成早期地球海洋的物质,十分相似。

因此,木星上存在着生物的说法,并不是没有事实根据的。

然而，木星大气层有强烈的乱流和大气下方的高温，都是阻止生命形成的致命伤。因为这股漩涡状的乱流，任何生物一碰及就会被卷入下方高温中，而遭到烤焦的命运。

科学家的假想

科学家认为，想要在这种环境下维持生命，有一个可行的办法，即在被烧焦之前复制新的个体，并且由对流现象把后代带到大气层中较高、较冷的地方。这种有机物可能很少，被称之为铅锤。

或者类似浮标的东西，在大气层外侧飘浮以取用食物供给所需的能量。浮标就像氢气球，飘到大气外侧较冷、较安全的地方。这种浮标型有机体可以食取有机物，还可吸收太阳光为能源，制造能量，自给自足。

飘浮的有机体借用大气层中空气的流动来让自己移动，想象中他们是群集在一起的，他们的生活不十分安全。因此，他们周围可能存有狩猎者。此狩猎者的数量不多，因为如果数量太多，吃掉所有的飘浮有机体，自己也无法生存下来。

这三种生物是否真的存在，至今仍是一个大谜团。

> **我还想知道**
>
> 木星是一颗以氢为主要成分的天体，这与我们的地球有很大的差异，而与太阳相似。木星与太阳这两个天体的大气，都包含约90％的氢和约10％的氦，以及很少量的其他气体。

火星的科学探测

各国重视火星探测

从20世纪90年代后半期开始,美国发射了火星环球勘探者、火星探路者、火星气象探测器、火星极地着陆者、火星奥德赛、火星勘测轨道飞行器等对火星进行科学探测;欧洲也于2003年发射了火星快车号探测器,可惜在着陆时失败。今后,人类对于火星的探测还将继续进行。

探测火星的原因

火星受到天文学家重视的原因主要有以下几点:第一,火星表面曾被认为有液体水存在的可能,因此人类一直对火星上是否

存在生命体十分好奇，而地外生命的存在与否一直被列为宇宙探索的一大目标。

如果在火星上发现生命体的存在，无论其生命形式与地球上的生物体征相似与否，都将与生命的起源以及探索生命本质等课题直接相关，对科学界将会是一个极大的冲击。

另一个原因是天文学家一直想要在火星上实现载人探测。20世纪60年代的阿波罗登月计划使得人类登上了月球，从那以后天文学界对于月球的研究虽然有所减少，却还是决定在月球建造供人类进行长期观测的宇宙空间基地，我们希望能够在月亮上迈出人类继宇宙空间站探索之后的下一步。在成功实现载人登月后，紧接着要实现的便是通往火星的载人飞行。

探测火星的成果

频繁的火星探测已使我们对于火星的基本情况有了较为详细的了解。人类不仅在火星的表面发现了曾有水流经过所形成的地形，最近的探测还发现了怀疑是近期流水作用所形成的地形，这一发现引起了许多人的关注。

另外，从火星环球勘探者拍摄的照片还可以显示火星表面6年之中的变化。如果这里曾经有过水流，那么便可推断在火星的地下至今仍然有水存在。

> 火星的赤道半径为3398千米，自转周期为24小时39分22.6689秒，与地球极其相似。火星上存在极冠，而且其表面也存在水和火山的迹象，这些迹象恰恰是导致生命起源的主要因素。

火星上适宜居住吗

发现火星上有水

人类若想在火星上居住，同样不可避免地首先要有水的存在。美国航天局发布新闻说，火星上有水。由此，这颗星球引起了人们极大的关注。

迈克士·马林博士和肯尼斯·埃吉特博士两位科学家通知国家航空航天局，说他们从"火星地球勘探者号"航天器发回的照片上，发现了火星表面近期有水的证据。两位科学家就此写出了研究报告，在美国《科学》杂志上发表。

是否有生命存在

火星上曾有水的说法并不新鲜，但火星很可能现在就存在着水，这可是绝对的新观点。科学家甚至推测，火星上现在可能就有生命存在。

以前，科学家们一般认为，火星地表特点是数十亿年前由水流冲刷而成。他们相信，火星曾经有过海洋、河流，而且有过一个温暖而深厚的大气层。

但随着时间的推移，火星的大气层由厚变薄并逐渐消失，气

温因而变得格外的冷。由于大气层压力极低,液态水直接转变为水蒸气,火星上的水大部分以这种形式释放到了太空。

马林和埃吉特对"火星地球勘探者号"近两年发回的照片分析和比较,终于大胆提出:火星上存在水的时间距离我们比较近,最多也就是几百万年前或几千年前的事,甚至可以说:"火星现在就有水"。

火星上的水流迹象

根据研究,火星上面有许许多多的山沟、溪谷和扇形的三角洲,这些很可能是水从火山口的悬崖峭壁上急流而下造成的。马林指出,发回的火星照片显示,一条条山沟、溪谷历历在目,与地球上的水流特点毫无二致。

他们还发现照片上山沟、溪谷边的水印十分平滑,不像过去看到的火星照片上遍布火山口和到处是黑尘的样子,因而推断水流迹象是近期形成的,"这说明某些事情现在发生,或者说只过了一两年",埃吉特说:"这些水流迹象十分年轻"。

人类居住火星的梦想

对于马林与埃吉特的最新发现,美国不少科学家认为是激动人心的,但同时也认为有待进一步证实。

康奈尔天文学家教授斯蒂文·斯奎尔说:"两位科学家的新发现的确是令人兴奋的结果,但我们还得持现实的态度。"

美国航空航天局首席科学家艾德·威勒尔说,在人类登上火星之前,国家航空航天局还需通过机器人对火星进行几十年的研究。该局计划每26个月进行一项火星探测任务,这些计划主要是

奇妙星星的生命疑惑　星球巅峰俯看

为了侦察、寻找可供机器人着陆的可能之地,也许最后会送人上去。

许多专家认为,火星若真有水,人类"红色星球"居住的梦想在不远的将来就会成为现实。水可以分解为化学成分氢和氧,这就能供机器人作为燃料使用。

从水中分离出的氧对人的用处就更大了,可以用来在未来人类"火星基地"内建立一个可供人呼吸的大气环境。为此,国际火星学会正在积极准备建立空间站,以便训练宇航员以及相关设施的制作,我们期待人类登上火星居住的梦想早日实现。

陨石上的生命

美国宇航局宣布,有关专家从一块来自火星且有40多亿年历史的陨石上发现某些特殊有机物,并认为这些有机物与火星细菌

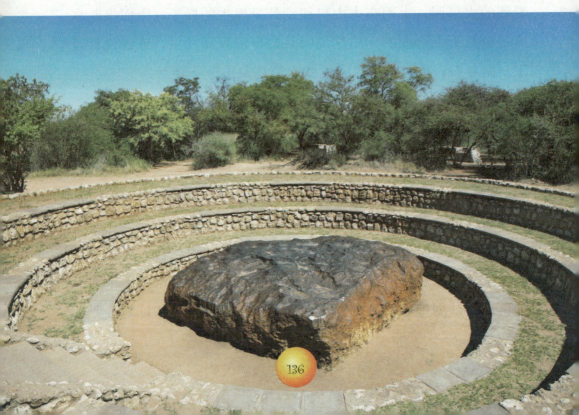

活动有关。于是，该局正式提出36亿年前火星上曾存在像细菌之类的单细胞生命。

事实果真如此吗？相当一部分专家表示怀疑。有人首先对这块陨石来自火星的说法，表示不敢苟同。

这块陨石于1984年在南极洲阿伦山被发现，编号为阿伦山84001。它与其他11块在印度肖戈蒂、埃及纳卡纳和法国查赛尼等地发现的陨石，均因结构与火星岩石类似而被认为来自火星。

细菌真的存在吗

对于陨石来自火星这一说法，东京学家理学部教授武田弘认为，20%左右的专家会有不同意见。难怪美国全国科学院行星研究专家阿伦斯强调，不能肯定阿伦山84001陨石来自火星，有必要从火星上直接取样。

即使这块陨石确实来自火星，目前也没有可靠的证据来证明陨石上的有机物质是火星细菌的杰作。除地球之外，茫茫宇宙间存在着有机物质。

譬如，星际分子是宇宙间天然形成的化合物，目前已发现有几十种，其中绝大多数是有机分子。

20世纪80年代初，加拿大射电天文学家就发现狮子座ＣＷ星周围尘埃气体中存在相当复杂的有机分子，即氰基癸五炔。因此，美国阿肯色大学的宇宙化学专家贝努瓦表示，火星曾有单细胞生命的观点不过是推断而已，远没有成为定论。

寻找外星生命

不管是推论还是定论，都再次激起了人们寻找外星人或外星生命的兴趣。美国宇航局官员则希望人们明白，没有证据表明火星上有高等生命。

寻找外星人的好事者被泼了一头冷水，然而探索生命之源的专家兴趣不减。如果36亿年前火星曾有单细胞生命，人们离揭开

生命之源的目标就近了一步。

36亿年前地球上已充满单细胞生命，但无生命物质如何形成单细胞生命至今仍是个谜。

美国科学家米勒曾于1952年在实验室导演了一幕生命起源的"历史剧"，似乎证实了原始大气可以在电闪雷击作用下合成有机物，进而产生蛋白质乃至生命。然而，以后的研究发现，米勒的历史剧与实际情况相去甚远。

孢子创造生命的假说

有些专家将目光转向著名瑞典化学家阿瑞尼乌斯的假说，希望从中得到灵感。1908年阿瑞尼乌斯在《塑造中的世界》一书中假设，一个带有厚厚保护壁的孢子从太空进入大气层，落到海洋中开始繁衍，最终创造出所有生命。

他的假说一度被认为是天方夜谭，如今通过计算机模拟证实则完全有可能。火星曾有单细胞生命的观点给这一假说提供了有力的支持，足以使专家再深入进行研究。

生命之源来自地球？来自火星？或其他星球？目前人们不得而知。美国宇航局的发现是一条有价值的线索，等待着专家顺藤摸瓜找到真相。

> 火星表面和月球最大的不同，在于拥有一层稀薄的大气，虽然比起地球大气，火星大气的成分和密度都不足以维持人类呼吸的需要，但仍激起了科学工作者强烈的探索兴趣。

土星上的生命探测

土星探测的意义

土星的质量和体积仅次于木星，它距地球约12.7亿千米，体积是地球的120多倍，而质量是地球的95倍，特别是它绚丽多姿的光环令无数人倾倒。

20世纪60年代以前，人们一直认为土星有5道光环，有10颗卫星，其中土卫六和地球一样也有大气。科学家认为，探测土星及土卫六对于了解和认识太阳系的形成和演变历史，具有重要意义。

土星探测器的成果

迄今只有美国宇航局于20世纪70年代先后发射的"先驱者11号"探测器、"旅行者1号"和"旅行者2号"3个探测器飞临土星进行过探测土星的活动。

1979年9月1日，"先驱者11号"经过6年半的太空旅程，成为第一个造访土星的探测器。它在距土星云顶20000千米的上空飞越，对土星进行了10天的探测，发回第一批土星照片。"先驱者11号"不仅发现了两条新的土星光环和土星的第十一颗卫星，而且证实土星的磁场比地球磁场强600倍。9月2日它第二次穿过土星环平面，并利用土星的引力作用拐向土卫六，从而探测了这颗可能孕育有生命的星球。

1980年11月，"旅行者1号"从距土星12000千米的地方飞

过，一共发回10000余幅彩色照片。这次探测不仅证实了土卫十、十一、十二的存在，而且又发现了3颗新的土星小卫星。

当它距离土卫六不到5000千米的地方飞过时，首次探测分析了这颗土星的最大卫星的大气，发现土卫六的大气中既没有充足的水蒸汽，其表面也没有足够数量的液态水。

1981年8月，"旅行者2号"从距离土星云顶10000千米的高空飞越，传回近20000幅土星照片。探测发现，土星表面寒冷多风，北半球高纬度地带有强大而稳定的风暴，甚至比木星上的风暴更猛。

土星也有一个大红斑，长8000千米，宽6000千米，可能是由

于土星大气中上升气流重新落入云层时引起扰动和旋转而形成的。土星光环中不时也有闪电穿过，其威力超过地球上闪电的几万倍乃至几十万倍。

土星环的构成

土星环是由直径为几厘米到几米的粒子和砾石组成，内环的粒子较小，外环的粒子较大，因粒子密度不同使光环呈现不同颜色。每一条环可细分成上千条大大小小的环，即使被认为空无一物的卡西尼缝也存在几条小环，在高分辨率的照片中，可以见到土星环有5条小环相互缠绕在一起。土星环的整体形状类似一个巨大的密纹唱片，从土星的云顶一直延伸到32万千米远的地方。

土星的新卫星

此外，"旅行者2号"还发现了土星的13颗新卫星，这样就使土星的卫星增至23颗。它考察了其中的9颗卫星，发现土卫三表面有一座大的环形山，直径为400千米，底部向上隆起而呈圆顶状，还有一条巨大的裂缝，环绕这颗卫星几乎达3／4周；土卫八的一个半球为暗黑，另一个半球则十分明亮；土卫九的自转周期只有9至10小时，与它的公转周期550天相去甚远；土卫六的实际直径为4828千米，而不是原来认为的5800千米，是太阳系行星中的第二大卫星，它有黑暗寒冷的表面、液氮的海洋和暗红的天空，偶尔洒下几点夹杂着碳氢化合物的氮雨等，这是人类了解生命起源和各种化学反应的理想之处。

"卡西尼"号土星探测器

为了进一步探测土星和揭开土卫六的生命之谜，美国与欧空

局联合研制了价值连城的"卡西尼号"土星探测器。

1997年10月15日,随着一声轰天巨响,20世纪最大、最复杂的行星探测器"卡西尼号"飞船,携带探测器"惠更斯"由大力神4B运载火箭,从美国肯尼迪航天中心发射成功,从此踏上耗时7年长达35亿千米的土星之旅。

"卡西尼号"飞船上载有12台科学探测仪器,子探测器"惠更斯"携带有6台科学仪器,它的主要任务是,对土星、土星光环及土星的卫星,尤其是其中的土卫六进行空间探测。

经过了将近7年孤独寂寞的长途奔波后,"卡西尼号"终于在2004年7月1日顺利进入土星轨道,成为首个绕土星飞行的人造飞船。此后,"卡西尼号"对土星的大气、光环及其卫星进行为

期4年的科学研究。

"卡西尼号"的功绩

在探测期间,"卡西尼号"探测器不但为我们拍摄了许多土星极其美丽光环的照片,通过飞行中与许多颗土星的卫星擦肩,还向我们展示了土星卫星绝不亚于其他小行星的奇特风貌。

关于卡西尼土星探测器的探测,最值得一提的便是2005年1月它在卫星泰坦表面的着陆。

泰坦有很厚的大气层,但通过观测发现它被大气覆盖的表面似乎有河流及湖泊存在。

由于泰坦的表面温度为-180℃,因此在这颗卫星上肯定不会存在液态水。如果在这样的温度环境下存在液体的话,则应该是甲烷或乙烷。难道在泰坦上会有甲烷或乙烷降雨并形成河流及湖泊么？虽然这个谜团尚未解开，但可以确定的是泰坦和地球的环境完全不同。

2004年11月，"惠更斯号"着陆器脱离"卡西尼号"探测器飞向土卫六，穿过其云层，在土卫六上软着陆，然后将探测到的数据通过环土星飞行的卡西尼号轨道器传回地球。

"卡西尼号"进入土星轨道后的任务是：环绕土星飞行74圈，就地考察土星大气、大气环流动态，并多次飞临土星的多颗卫星，其中飞掠土卫六近旁45次，用雷达透过其云气层绘制土卫六表面结构图，预计可发回近距离探测土星、土星环和土卫家族的图像50万幅。

"惠更斯"号将成为第一个在一颗大行星的卫星上着陆的探测器。它在2.5小时的降落过程中，用所带仪器分析土卫六的大气成分，测量风速和探测大气层内的悬浮粒子，并在着陆后维持工作状态1小时，揭示土卫六上是否有水冰冻结的海洋和是否存在某种形态的生命。它所收集到的数据和拍摄的图像通过卡西尼号探测器传回地球。

总之，土星及其卫星是否有生命的痕迹，还需要经过科学探测后，用获得的第一手证据说话。

卡西尼环缝：1610年，意大利天文学家伽利略观测到，在土星的球状本体旁有奇怪的附属物。1675年，意大利天文学家卡西尼发现土星，光环中间有一条暗缝，后称之为卡西尼环缝。

天王星的季节变化

对天王星的观测

天王星的季节变化，至21世纪初还没有完整的资料，因为对天王星大气层的观察数据还不到84年，也就是一个完整的天王星年。但已经有了一些资料，从1950年代起算，光度学的观测已经累积了半个天王星年，在两个光谱带上的光度变化已经呈现了规律性的变化，最大值出现在至点，最小值出现在昼夜平分点。

在2004年秋天的短暂时期，天王星上出现了与海王星相似的一大片云块，观察到229米/秒（824公里/时）的破表风速，和被称为"7月4日烟火"的大风暴。

在2006年8月23日，太空科学学院的研究员和威斯康辛大学观察到天王星表面有一个大黑斑，让天文学家对天王星大气层的活动有更多的了解。虽然还不是完全了解为什么会突然发生活动

的高潮，但是它呈现了天王星极度倾斜的自转轴所带来的季节性的气候变化。

对天王星的季节分析

从1960年开始的微波观测，深入对流层的内部，也得到相似的周期变化，最大值也在至点。

从1970年代开始对平流层进行的温度测量，也显示最大值出现在1986年的至日附近。

多数的变化相信与可观察到的几何变化相关，天王星是一个扁圆球体，造成从地理上的极点方向可以看见的区域变得较大，这可以解释在至日的时候亮度较亮的原因。

天王星的反照率在子午圈的附近也比较强。例如，天王星南半球的极区比赤道的带明亮。

另一方面，微波的光谱观测显示，也证明两极地区比较明亮，同时也知道平流层在极区的温度比赤道低。

所以，季节性的变化可能是这样发生的：极区，在可见光和

微波的光谱下都是明亮的,而在至点接近时看起来更加明亮;黑暗的赤道区,主要是在昼夜平分点附近的时期,看起来更为黑暗。

另外,在至点的掩星观测,得到赤道的平流层温度较高。有相同的理由相信,天王星物理性的季节变化也在发生。

当南极区域变得明亮时,北极相对地呈现黑暗,这与上述概要性的季节变化模型是不符合的。

在1944年抵达北半球的至点之前,天王星出现升高的亮度,显示北极不是永远黑暗的。

这个现象暗示可以看见的极区在至日之前开始变亮,并且在昼夜平分点之后开始变暗。

显示亮度的变化周期在至点的附近不是完全的对称,这也

显示出在子午圈上反照率变化的模式。

另外，一些微波的数据也显示，在1986年至日之后，极区和赤道的对比增强了。

对天王星的季节研究

在1990年代，在天王星离开至点的时期，哈勃太空望远镜和地基的望远镜显示南极冠出现可以察觉的变暗，同时，北半球的活动也证实是增强了，例如云彩的形成和更强的风，支持期望的亮度增加应该很快就会开始。异常的极冠和南半球明亮的"衣领"，被期望在行星的北半球出现。

这种物理变化的机制还不是很清楚，在接近夏天和冬天的至点，天王星的一个半球沐浴在阳光之下，另一个半球则对向幽暗的深空。照亮半球的阳光，被认为会造成对流层局部的增厚，结果是形成数层的甲烷云和阴霾。

在纬度45°的明亮"衣领"也与甲烷云有所关联。在南半球极区的其他变化，也可以用低层云的变化来解释。

来自天王星微波发射谱线上的变化，或许是在对流层深处的循环变化造成的，因为厚实的极区云彩和阴霾可能会阻碍对流。现在，天王星春天和秋天的昼夜平分点即将来临，动力学上的改变和对流可能会再发生。

> **我还想知道**
> 天王星环系统。天王星有个复杂的行星环系统，它是太阳系中继土星环之后发现的第二个环系统。目前已知天王星环有13个圆环，其中最亮的是ε环。

海王星有火山之说

海王星的英姿

从海王星被发现后的143年中,尽管天文学家采用了种种办法,仍对它无法进行深入了解。1989年8月,宇宙飞船"旅行者2号"从距离海王星云端4800千米的地方飞过。一下子改变了这种状况。通过"旅行者2号"从44.8亿千米的远方发回的照片,终于看清了海王星的英姿。从此,人们才知道,海王星并不是太阳系里的一个死堆,而是经常有风暴活动。海王星有3个光环,也就是卫星与小行星碰撞的古老遗迹。另外,海王星有8颗卫星,

其中一颗此刻正在从冰山中喷出液态氮的泡沫。

新行星的预测

其实，在许久以前，两位数学家用纸和铅笔就"发现"了海王星。根据天王星的奇异轨道，亚当斯和勒威耶各自预测存在着一个新行星。两位数学家计算出，在更远的地方有一个大的重力源作用于天王星，使它的速度时快时慢，就如被钓上来的鱼在线上蹦跳一样。但天文学家都不相信这两位数学家的发现，因此也没去寻找这个新行星。

最后，1846年，勒威耶把他的图纸寄给了一位名叫伽勒的年轻德国天文学家。就在那一天晚上，伽勒在夜空中观测到这个蓝色的行星。

海王星上的大风暴

1989年8月,"旅行者2号"从海王星旁边飞过。在之前,"旅行者2号"就可以拍摄到海王星的详细情况。海王星上有一鹅卵形风暴,直径大约1.28万千米,看上去犹如蓝色海王星向外注视着的一只大眼睛,科学家们称之为"大黑斑"。在这个风暴的眼里,直径640千米的"雨果"飓风只是一个斑点而已。那么,这种风暴到底是由什么推动而形成的呢?至今仍是一个谜。

地球上的风暴是由从太阳吸收的热能推动的。可是海王星离太阳如此遥远,太阳的热能是绝对不可能推动这种风暴的。科学家认为,这种热能是海王星石核内的强高压和强高温发出的。但

实际如何,这些严肃的问题可能只由以后研究解决。

海王星的新卫星

"旅行者2号"共发现了6颗海王星的新卫星照片,使海王星的卫星总数增加到8颗。从观测到的情况来看,海卫一曾是一个行星。这种说法的主要证据是,海卫一是唯一一颗沿着与其母行星运行方向相反的轨道运行的大卫星。在整个太阳系里没有一颗大卫星这样逆行。

在海卫一的赤道附近有一个冰覆盖着的蓝色地带,这个地带是由冰冻的甲烷气体构成的。这使海卫一成为太阳系中唯一一颗真正的"蓝色卫星"。

在其他地方,随处可见粉红色的霜。亚利桑那大学的天体物理学家罗杰·耶尔说,海卫一的温度为-400℃,是"我们见到的太阳系中最冷的天体"。

从照片中,可以看出海卫一上有活的冰火山。但这些冰火山不像地球上的火山那样喷出赤热的岩浆,而是喷出液态氮。当液态氮到达极其寒冷的表面时,马上被冻结成冰晶射流,高达8 000米。这股射流遇到海卫一大气的微风后,就形成风吹的条纹,落回到海卫一的表面。所有的都只是猜测,它是否正确,最终还只有靠人类的科学去下定论。

> **我还想知道**
> 海王星是环绕太阳运行的第八颗行星,它的质量大约是地球的17倍,而类似双胞胎的天王星因密度较低,质量大约是地球的14倍。海王星是罗马神话中的尼普顿,因其是海神,所以译为海王星。

图书在版编目（CIP）数据

奇妙星星的生命疑惑：星球巅峰俯看 / 韩德复编著. -- 北京：现代出版社，2014.5
 ISBN 978-7-5143-2668-0

Ⅰ. ①奇… Ⅱ. ①韩… Ⅲ. ①天文学－普及读物 Ⅳ. ①P1-49

中国版本图书馆CIP数据核字(2014)第072394号

奇妙星星的生命疑惑：星球巅峰俯看

作　　者：	韩德复
责任编辑：	王敬一
出版发行：	现代出版社
通讯地址：	北京市定安门外安华里504号
邮政编码：	100011
电　　话：	010-64267325　64245264（传真）
网　　址：	www.1980xd.com
电子邮箱：	xiandai@cnpitc.com.cn
印　　刷：	汇昌印刷（天津）有限公司
开　　本：	700mm×1000mm　1/16
印　　张：	10
版　　次：	2014年7月第1版　2021年3月第3次印刷
书　　号：	ISBN 978-7-5143-2668-0
定　　价：	29.80元

版权所有，翻印必究；未经许可，不得转载